[澳] 克丽·豪厄尔斯 著
(Kerry Howells)

刘彦 译

UNTANGLING YOU

How can I be grateful when I feel so resentful?

别抱怨啦

如何走出精神内耗，拥抱美好的人际关系

机械工业出版社
CHINA MACHINE PRESS

Kerry Howells. Untangling You: How can I be grateful when I feel so resentful?
Copyright © 2021 by Kerry Howells.
Simplified Chinese Translation Copyright © 2024 by China Machine Press.
Simplified Chinese translation rights arranged with Major Street Publishing through BIG APPLE AGENCY. This edition is authorized for sale in the Chinese mainland (excluding Hong Kong SAR, Macao SAR and Taiwan).

No part of this book may be reproduced or transmitted in any form or by any means, electronic or mechanical, including photocopying, recording or any information storage and retrieval system, without permission, in writing, from the publisher.

All rights reserved.

本书中文简体字版由 Major Street Publishing 通过 BIG APPLE AGENCY 授权机械工业出版社在中国大陆地区（不包括香港、澳门特别行政区及台湾地区）独家出版发行。未经出版者书面许可，不得以任何方式抄袭、复制或节录本书中的任何部分。

北京市版权局著作权合同登记　图字：01-2024-0600 号。

图书在版编目（CIP）数据

别抱怨啦：如何走出精神内耗，拥抱美好的人际关系 /（澳）克丽·豪厄尔斯（Kerry Howells）著；刘彦译. -- 北京：机械工业出版社，2024.8. -- ISBN 978-7-111-76366-6

Ⅰ. B842.6-49

中国国家版本馆 CIP 数据核字第 20245QR587 号

机械工业出版社（北京市百万庄大街 22 号　邮政编码 100037）
策划编辑：曹延延　　　　　　　　责任编辑：曹延延
责任校对：王小童　张慧敏　景　飞　责任印制：常天培
北京机工印刷厂有限公司印刷
2024 年 11 月第 1 版第 1 次印刷
147mm×210mm・8.75 印张・1 插页・121 千字
标准书号：ISBN 978-7-111-76366-6
定价：69.00 元

电话服务　　　　　　　　　网络服务
客服电话：010-88361066　　机　工　官　网：www.cmpbook.com
　　　　　010-88379833　　机　工　官　博：weibo.com/cmp1952
　　　　　010-68326294　　金　书　网：www.golden-book.com
封底无防伪标均为盗版　　　机工教育服务网：www.cmpedu.com

怨恨	感激
词典定义： 因遭受不公平待遇而愤怒的状态	*词典定义：* 内心充满谢意，乐意展现谢意并随时准备回报善举的状态
本书按以下定义对怨恨进行更深入的探索： 一种在应对由于破碎的期望或自卑感而引起的震惊及不公平的感觉时挥之不去的情绪。通过它的相反概念"感激"可以得到更清晰的理解	*本书按以下定义对感激进行更深入的探索：* 一种承认自己得到了什么，并且以不一定互惠的方式进行回报的、诚挚而有意义的举动。通过它的相反概念"怨恨"可以得到更清晰的理解
怨恨和以下概念不同： 愤怒、失望、幻灭、嫉妒	*感激和以下概念不同：* 积极、乐观、赞扬、善良
怨恨在以下环境中生发： 竞争、压力、以自我为中心、充满特权感、孤立主义、评判和完美主义	*感激在以下环境中生发：* 合作、冷静、以他人为中心、充满谢意、相互联结、接纳和谦逊

在人类的天性中,最深层的基本原则是渴望得到别人的感激。

——威廉·詹姆斯(William James)

我出生并成长于 20 世纪 60 年代。家里有 5 个孩子,我排行老大。父亲经常不在家,而母亲因自己的忧虑和心魔苦苦挣扎。她必须努力工作才能确保收支大抵平衡,这也就意味着她几乎没有什么精力照顾孩子。我看到我的朋友和他们的母亲有多么亲密,于是我想象自己被这样的亲情滋润会是什么感受。很遗憾,实际情况是我总感到自己被拒绝和忽视,因为我的母亲基本上没有任何精力和时间可以留给我。我们成天争吵。我从来不觉得她理解我,她也从来不觉得我理解她。我在不知不觉中学会了怨恨,直到我对这种情绪了如指掌:于我而言,怨恨就是自己因遭受不公平待遇而愤怒的状态。它就像一股有毒的细流，流经我的全身，直到所有的和解希望都被彻底抛弃。母亲和我就这样一起孤独地停留在怨恨情绪里，我们的关系几乎完全破裂，浪费了一年又一年。

我知道这是个问题——对此我毫不怀疑，但我完全不清楚该怎么解决这个问题。我的自尊和倔强堵死了一切前进的道路。我绝对不主动打电话给她，跨出关键的第一步。我才是遭受不公平待遇的那个人，她欠我一个道歉。如果她不先试着道歉，我怎么都不会原谅她。

我走到哪里都背负着这种阴暗的情绪。它给我所有的人际关系都笼罩上一层阴影，最后甚至影响了我对自己女儿的养育。这种怨恨扎根在我胃部最深处的角落，我完全看不到自己获得解脱的方法。

说来也奇怪，我对自己的感受的全新理解，竟然来自我作为年轻学者给学生上哲学课时的经历。许多学生为了获得学位，不得不修这门课。他们对必须上一门自己没有兴趣的课这件事充满了怨恨情绪。最终我无比沮丧地问他们，为什么不利用这个机会学点新的东西呢。他们的回应改变了我的教学方法，进而改变了我的职业轨迹和我的整个人生。

他们说自己很想全情投入地学习这门课，但就是做不到。我告诉他们，虽然这是门必修课，他们没有选择权，但以什么样的方式上这门课，还是可以选择的。于是，我们开始研究他们的怨恨情绪，以及这些怨恨是如何通过抱怨和不满体现出来的。我邀请他们重塑自己的感受，把怨恨转化为感激。让我颇感意外的是，他们并没有对此表示抗拒，反而希望知道更多的信息。

当我问他们对什么最为感激时，一个常见的回答是"我的父母"。这让我深感痛苦，因为我对自己的母亲并没有这种感受。我的学生在表达对父母的感激之情时展现出来的轻松和热情，与我对自己母亲明显缺乏感激之情的状态形成了鲜明的对比。我开始考虑是不是这种缺失有如此重大的意义，以至于它阻碍了我对生活中所有其他方面心怀真正的感激之情的能力。

意识到这一点给我带来了不小的困扰。不安感始终萦绕在我心头，直到有一天我决定真正实践我向学生推荐的做法：写一封感谢信。我靠着树，在一个安静的角落里足足坐了半个小时后才开始动笔。我发现自己无法回忆起最近一次出于任何原因感谢母亲的情形，为此我深感羞耻。这封信应该从哪里写起呢？当我写下第一句话，告诉母亲我很抱歉从来没有好好感谢她赋予我生命的时候，我的眼眶湿润了。接着我写下了第二句话，告诉她正是因为她生下了我，我现在才有机会成为母亲，拥有自己的女儿。此时我开始啜泣。随后，我对生命中许多其他人、事、物的感激之情也涌上心头——我的朋友、我的学业、我的学生、我对在大海里游泳的热爱——这一切都源自她，因为她赋予了我生命。

寄出这封感谢信大约一周后，我探望了母亲。她抱着我哭泣，谢谢我写下那些话。她告诉我她已经很久没有体验到这么美好的感觉了，我说我也是。随着我们坐下来共进晚餐，我感到我们彼此的心都变得柔软起来。从那一刻起，我们之间的联结逐渐变得坚固，我们的相处也日益和谐，直到6个月后她突然去世为止。

从此我开始真正拥有一颗感恩的心，开始体会到我所谓的"深切感激"——不仅对我母亲，还对我生命中许多其他的人和物。为了消散我内心长期存在的负面情绪，我尝试过心理辅导、冥想和各式各样的自助课程，但通过和母亲和解的经历，我发现最终是感激带来了曙光。它帮助我们放下过去的怨恨，不再停滞不前。

为什么要写这本书

最初发现感激的力量后,我开始研究它在教育和其他领域里起的作用,至今已经 25 年。其间,我给许多群体进行了展示和培训:中学生、大学生、各个级别的教师(包括职前教师)、顶级运动员及他们的教练、医疗保健专业人士,等等。

在我研究感激对教育的重要性的最初 10 年里,其他学者大多认为我疯了,或者是个怪胎。幸运的是,随着时间的推移,我们已经有了长足的进步。成百上千来自不同领域的实验研究已经充分展示了感激对我们的身体、情绪和社会福祉起到的积极作用。但是目前还鲜有人从感激的相反概念——怨恨——的角度来讨论它。

一味强调感激的好处,却不讲述感激有时让人颇为挣扎的故事,难免勾勒出过于简单化的、片面的景象。它也会让我们对自己是什么样的人产生一种贫瘠的认知。只有当我们切身体验无法从内心找到感激之情的不适时,成长和转变的道路才会真正打开。我们从"消极"状态里学到的东西绝不比我们从快乐里学到的少。

感激在我们生活中起到的最重要的作用之一，是帮助我们看清它的对立面：很多时候它是唯一能让怨恨浮出水面的东西。而发现了怨恨之后，我们才能做些什么来应对它给我们的生活带来的消极影响。如果你对某人心存怨恨，你就不可能真正地对他表达感激之情。

在尝试诚挚地表达感激的过程中，你会发现自己对有些人不费吹灰之力就充满谢意，而对另外一些人似乎无论如何都无法产生感激之情——就我而言，母亲显然属于后一类。通过给她写感谢信，我意识到怨恨情绪在多大程度上使我对她的闪光点视而不见，或者矢口否认她以母亲身份为我做过的任何事情。

将感激看作怨恨的对立面可以让感激变得更加真实、更容易实现。这也是为什么——无论遇到什么样的具体情况——我最常听到的问题总是"当我心中充满怨恨的时候，我该如何心怀感激呢"，以及"我该怎样放下我的怨恨情绪，以便践行感激"。

我通过写这本书来试图回答这些问题。我知道当我们觉得自己受到别人的不公平对待时，率先跨出沟通的第一步有多么困难。但是，在我看来，这种谦逊的自省是一种开端，它标志着你愿意尝试改变，尝试修补这段关系，尝试积极采取行动，而非被动地等待对方做出改变或向你道歉。

在接下来的章节里你会看到，虽然这些问题非常符合我们的直觉，但实际上我们可以逆转它们的顺序：践行感激对获得放下怨恨后的自由至关重要，有前者才有后者，而不是有后者才有前者。换句话说，"我该怎样放下我的怨恨情绪，以便践行感激"这个问题也可以这么提："我该怎样践行感激，以便放下我的怨恨情绪？"

虽然感激通常始于欣喜、理解、敬畏或意外等感觉，但"深切感激"不仅仅是一种感觉：它是具体的行动。就拿我的例子来说，仅仅对母亲怀有感激之情是不够的，因为我对她的怨恨情绪更加强大，我更容易被它牵着鼻子走。是通过写信来表达我对她的感激这种具体行为起了作用，让我的感激开始顺畅起来。在人际关系中，如果我们感受到怨恨情绪，那么只有当我们大方表达自己对什么心怀感激，并且在此基础上行动的时候，那种感激才会真正拥有变革性的力量。

在探索感激和怨恨之间的相互影响时，本书聚焦于日常生活里的一些小怨恨，而非整个社会层面的大怨恨，比如因为个人或集体创伤、暴力行为、严重的不平等、歧视、侮辱或虐待导致的怨恨，或者某些群体因为遭受了种族灭绝、历史遗留的不公平或长达数十年的大规模暴力等问题而产生的集体怨恨。尽管书中探讨的策略可能也适用于这种类型的怨恨，但它需要顾及完全不同的背景和考虑因素，肯定超出了本书的范畴。

毫无疑问，你在生活中经历过那些日常的小怨恨：你的兄弟或姐妹似乎得到父母更多的宠爱；你的伴侣弃你而去，和另一个人远走高飞；邻居家的狗吠个没完，让你迟迟无法入睡，他们却不采取任何行动；好友背叛了你，把你的秘密和其他人分享；同事比你先获得提拔（而大家都知道你才是那个岗位的最佳人选）；领导成天和你过不去；伴侣不做该由他负责的家务，或是不照看孩子……这样的例子不胜枚举。

这些日常怨恨慢慢地酝酿，直至最终爆发，夺走了我们的喜悦，并对我们的健康、人际关系和事业造成严重破坏。最关键的是，它们会随着时间推移不断加重，导致更具创伤性的、更大的怨恨。

它们还会左右我们的许多决定。我们可能放弃一份很好的工作，只因为我们对某位经理心存怨恨；我们也可能放弃一个美妙的假期，只因为一位曾经的朋友会踏上相同的旅程，而怨恨让我们无法面对这个人。在我和母亲的关系中，我的怨恨情绪导致我放弃了许多家庭聚会，尤其是在我成年以后。我因此错失了和兄弟姐妹增进感情的机会，也没能巩固我对家庭的归属感。

本书提供实用的策略，帮助你优雅地踏上解开心结的旅程，一点一点地从怨恨走向感激。你将：

- 发现感激在帮助你识别怨恨的表现形式、处理怨恨表象之下的根本原因的过程中起到的重要作用；
- 探索感激如何帮助你为自己在通常会引发怨恨情绪的情境里采取的回应方式负责；
- 揭开感激和怨恨之间相互影响的运作方式，并明白这种相互的影响如何在日常的困境中展现出来，比如应对背叛、失望、霸凌、同胞争宠、完美主义和职场冲突等问题；
- 获得处理自我怨恨及可能来自他人的怨恨的有效策略；

- 获得更多的技能和自信，以处理你生活中某些较为困难的人际关系；
- 理解跨文化差异如何影响怨恨和感激之间的相互作用。

我需要强调的是，践行感激并不意味着试图把消极的想法替换为积极的想法。感激绝不应该旨在抹去我们的怨恨情绪，或是强行粉饰值得引起我们注意的消极情境。我和母亲经历了漫长的岁月后才开始修补我们之间的关系。我新发现的对母亲的感激之情给了我见解和勇气，让我突破怨恨的限制，主动把我们的关系摆在我个人的委屈之上。不过，这可不是个简单迅速的解决办法，毕竟我的怨恨情绪相当根深蒂固，我需要时间慢慢解开心结。

正如本书的英文标题"Untangling You"（解开心结）所示，你可以把你的怨恨情绪想象成一个纠结的线团，你要做的就是慢慢解开这个线团。有些部分可能比较难对付，因为根深蒂固的怨恨往往和某些其他人际关系中的怨恨缠绕在一起。另外的部分则比较容易对付，只要稍稍一拉，线团就会轻松解开。

如果你在考虑从何处开始，我强烈建议你从相对简单的情境起步，逐渐培养出你需要的技能，这样之后你就有能力尝试解开那些难度较大的线团。如果仅仅考虑一段困难的人际关系都会让你感到痛苦或焦虑，那么很明显目前还不具备自行修复这段关系的能力，你可能还需要寻求专业人士的帮助。

接下来的章节旨在帮助你改变那些已经让你深陷痛苦很久，甚至几十年之久的人际关系模式。我鼓励你按章节顺序阅读，因为每一章的内容都基于前面各个章节已经涉及的知识和策略。

我衷心希望在使用从本书中学到的策略践行感激的过程中，你会发现它给你和他人以及你和自己的关系所带来的巨大好处。事实上，我相信感激是帮助我们实现可持续的健康、和谐及和平共处目标的最强大的方法之一。

目录
CONTENTS

引 言

第 1 章 为什么要心怀感激 ... 1

找到你的"为什么" ... 5

感激有助于我们更好地和他人产生联结 ... 8

感激有助于我们记住美好时光 ... 10

感激有助于我们感到平静 ... 14

感激有助于我们保持健康 ... 16

我们的"为什么"永远不该是试图改变他人 ... 21

第 2 章 识别我们的怨恨 ... 26

怨恨藏得很深 ... 27

怨恨否定感激 ... 32

怨恨反复纠结 ... 35

怨恨寻求公正 ... 38

怨恨导致无力感 ... 41

- 43　怨恨会不断恶化
- 45　怨恨是感激的对立面
- 48　感激作为一种练习
- 52　怨恨向我们展示什么东西是重要的

55　第 3 章　破碎的期望

- 56　当朋友令我们失望的时候
- 59　错过入选
- 61　期望之重
- 67　采取更明智的视角
- 71　走向同情
- 75　通过感激发展我们的同理心
- 78　感激的给予与接受循环

84　第 4 章　自卑感

- 85　被退休
- 87　被迫感到自卑
- 91　感激
- 95　那么霸凌者呢
- 98　有意义地感谢
- 100　专注地倾听
- 103　感激楷模
- 106　培养耐心

108	**第5章**	**选择一种感激的内在态度**
109		选择是个好东西
112		发现选择
116		选择我们的内在态度
118		同胞争宠
121		做好准备的状态
124		选择我们希望在困难的关系中成为什么样子
126		希望事情发生改变,首先我得做出改变
129		对过往选择的感激
134	**第6章**	**从自我怨恨到自我感激**
135		辜负我们自己的期望
137		识别自我怨恨
140		自我怨恨和后悔
142		不完美的完美
144		一种健康的平衡
147		走向自我感激
150		敞开心扉接受别人的感激
153		建立更牢固的界限
156		自我发现
160	**第7章**	**处理别人对我们的怨恨**
161		识别他人的怨恨

- 163 看到我们的盲点
- 167 自我反省
- 171 培养感激之情
- 173 寻找忧虑的迹象
- 177 让别人更容易和我们谈话
- 179 成为一名伟大的领导
- 182 给足时间

第 8 章　说出我们的委屈

- 187 直言不讳的危险
- 190 察觉我们表达怨恨的方式
- 193 恢复正直
- 195 诽谤中伤和批判性思维的区别
- 198 选一个人见证我们的痛苦
- 201 找到我们鼓起勇气直接说出自己委屈的"为什么"
- 204 重新定义对抗
- 208 归属的需求
- 209 重视关系

第 9 章　跨文化差异

- 214 文化背景
- 218 澳大利亚土著文化和托雷斯海峡岛民文化
- 222 非洲本土文化

227	伊朗文化
230	中国文化
235	对差异心怀感激
237	**第 10 章　小行动，大作用**
248	**致谢**
250	**参考文献**

为什么要心怀感激

> 一个人知道自己为什么而活,就可以忍受几乎一切……
>
> ——弗里德里希·尼采
> (Friedrich Nietzsche)

我在感激主题工作坊经常被问起一个问题：我们为什么要考虑对自己的"敌人"心怀感激？换句话说，我们为什么要试着和所有人交朋友，或者，我们为什么要热爱每一位工作伙伴呢？生活根本不可能按这个剧本走。再说，那样很虚伪，不是吗？和那些我们自然而然就被吸引、让我们感觉舒服的人走得近，和那些令我们心怀怨恨的人保持距离，这才说得通，不是吗？

我当然不认为我们生活中的所有人际关系都应该拥有同等的亲密程度，或者我们应该尝试把自己的爱平分给所有人——这是不可能完成的任务。我想说的是，无论我们的主观意愿如何，我们总是处在各种人际关系之中，而人际关系真的很重要。我们仅凭直觉就会知道这一点，因为当人际关系出现问题时，我们很清楚自己有多难受——就像我和母亲的例子那样。无论我们多么努力地尝试把人推开，试图以此保护自己，只要我们处在一段矛盾没有得到解决或充满了怨恨的人际关系中，在潜意识层面，这种情形就很有可能不断困扰着我们。

莎拉的情况便是如此，她不久前刚搬进和朋友戴夫合租的公寓。两人在学生时代成了很好的朋友，而且同属于一个更大的朋友圈。这群朋友去哪儿都形影不离——露营、逛夜店、外出聚餐等。两人在价值观和生活习惯方面的差异直到一起住进公寓后才逐渐显露。莎拉爱干净、敏感、行事小心谨慎，和戴夫恰好相反。戴夫是艺术系的学生，特别强调要保护他的"自由精神"，需要许多的机动空间来表达他的创造力。以前，这是莎拉特别喜爱戴夫的一点，但和这样的人住在一起，则是完全不同的情形。戴夫对一切惯例都颇为抗拒，他试图避免任何在特定时间做特定事情的承诺。为了让莎拉满意，他接受了她开出的旨在保持房屋整洁有序的清单，但他答应得很勉强，在具体行动方面也没有全情投入。

当莎拉连续三周发现戴夫没有倒垃圾的时候，两人的关系变得相当紧张——倒垃圾是清单上列出的由戴夫负责的事宜，而他也明明白白地答应了。当莎拉五周之内第五次忙着去商店买卫生纸的时候，她感到暴怒。之后的某天早晨，她在洗澡时发现戴夫几周之前就承诺要去除的霉菌依然出现在浴池的角落里,她又一次大为光火。此外,戴夫已经有两个月迟交他那部分的房租,这让两人的矛盾进一步升级。莎拉觉得自己被利用了,没有受到起码的尊重。最让她懊恼的是,戴夫似乎对他给莎拉造成的痛苦毫无意识。随着时间的推移,莎拉感到自己变得越来越冷淡、冷漠和沉默寡言。这段友谊对她而言已经变质,她为此十分难过。

戴夫对这一切毫不知情。他是一个只关注大局的人,不注意也不在乎细节问题。他根本不认为莎拉看重的那些事情值得大惊小怪。在他看来,两人住同一间公寓,一起吃饭,进行有意义的对话,分享当天发生的事,这些才是重要的。他以为莎拉有那么大的压力,不过是因为她在刻苦学习、努力备考而已。

另外,莎拉每晚都难以入眠,翻来覆去地想戴夫答应要做但没有做的那些事,还为如何提起这个话题才不至于彻底破坏两人的关系,或令戴夫小看她,而苦苦烦恼。她甚至有些偏执,担心一旦把戴夫惹急,他俩之间闹矛盾的消息就会在整个大的朋友圈散播开来。大家都很喜欢戴夫，所以莎拉害怕他们会站在他那边，认为她过于迂腐、有洁癖，或者控制欲太强。

莎拉后来试着向戴夫表达自己的不满，但她过于紧张，讲话结结巴巴的，没能成功说出想说的话。她担心自己精心准备的发言会出错。在继续忍受这种情形几周之后，莎拉决定是时候搬出去住了，这样一来她可以重新获得内心的宁静，继续备考。

要解决这个冲突，有没有另外一种方法，不需要莎拉放弃公寓，放弃她和戴夫的友情，甚至放弃她和大的朋友圈里其他人的友情呢？

找到你的"为什么"

莎拉的父亲在参加了我主持的一个工作坊后，开始对他的工作团队践行感激，这发生在莎拉向他哭诉自己的合租困境的几个月前。他大唱感激的赞歌，说这种行为让他在工作场所有了更多的积极感受。他还满腔热情地说感激也许能让莎拉和戴夫之间的情形有所好转。听完这番话，莎拉深感震惊，直愣愣地看着父亲。感激？开什么玩笑？她刚才的话，他一句都没听进去吗？她不是说了她没有受到起码的尊重，感到暴怒吗？他怎么能认为她可以随随便便把这一切放到一边，对戴夫心怀感激？

莎拉的想法完全正确。就像我之前提过的，试图用感激来替换怨恨根本行不通。她在那一刻需要的是自己的痛苦得到承认。她还需要一个强有力的理由来考虑在这个具体的问题上，践行感激是不是最好的出路。这个时候，任何来自第三方的意见都需要先考虑莎拉的感受，搞清楚她在应对什么样的情况，整件事的来龙去脉是什么。仅仅知道感激对别人起作用——在这个例子里，对她父亲起作用——就推荐使用相同的方法，是不够的。

如果处在自然而然能产生感激之情或比较容易心怀感激的情境里，当然可以相对轻松地看到感激的意义。当你目睹美丽的朝霞时，感激可以让你觉得自己充满了生机。当你在一天结束之际写下你对哪些事情心怀感激时，你会睡个更安稳的觉。许多现代研究向我们展示，感激可以提升我们身体和情绪层面的幸福感。但是，当你觉得某人伤害了你，却还要说服自己寻找对这个人的感激之情时，难度可能就非常高了。如果你根本不去尝试，或者你选择离开，把这段关系从你的生活里彻底消除，没有人会怪你——而莎拉正准备这么做。

找到理由去改变行事方式是从怨恨走向感激的至关重要的第一步。你的"为什么"很可能和别人的答案有很大的差别。它会受到你的价值观、信仰、性别、种族或人格的影响。关键在于，你要找到能让你深切共鸣的理由。这正是感激的美妙之处。我们都从不同的角度出发，有着不同的理由，最后殊途同归，纷纷选择感激。

及时处理我对母亲的怨恨情绪有许多好处，其中之一是随后我在邀请我的学生践行感激时，我会觉得自己是表里如一的。当我往更深的地方探索时，我发现自己的"为什么"和广义层面上的"表里如一"有关联——在困难的人际关系中践行感激有助于建立一个更好的世界。感激之所以重要的理由至今仍然驱动着我，而这也正是我撰写本书的主要原因。它还让我保持动力，不断在自己的生活中从怨恨走向感激。

感激有助于我们更好地和他人产生联结

莎拉试图解决她和戴夫之间的冲突的一大动机在于，她不想失去和他及他们共有的朋友圈之间的联结。感激从本质上来说就是邀请我们从一个更大的视角来看问题，不仅仅考虑我们自己，还考虑我们和他人的联结。感激有着强大的唤醒力量，可以帮助我们意识到我们之间的相互依存关系，看清他人的价值以及我们从他们身上收获的东西。我们和一个人或一些人产生联结，而正是他们创造了这一时刻，他们是创造这个机会的一部分。当我们对某人表示感激的时候，我们实际上在说："我谦逊地承认，没有你的礼物，我就不会得到这个机会……我也不会是这一刻的我……"感激把给予人、接受人和礼物聚到一起，使他们紧密结合。[1]

事实上，许多调查研究都显示了感激在建立和维系人际关系方面发挥的巨大作用[2-6]。这在社会学家格奥尔格·西美尔（Georg Simmel）关于感激的观点中也得到了恰当的体现，他认为感激是对社会而言最重要的内聚元素（cohesive element）。他把它称为"人类的道德记忆"，也就是使一个人和另一个人产生联结的桥梁，还说"如果每个因为过去受到的恩惠而一直留存的感激行为都突然被清除，社会（至少是我们所熟知的社会）必将解体"。[7]

当我们没有对给予我们某样东西的人表示感激的时候，在我们的潜意识深处，我们也许会感到一定程度的不安。就拿我母亲的例子来说，尽管我对她的怨恨多年来吞噬了我对她的感激，我心里始终有一种挥之不去的感觉：我应该对她心怀感激之情，虽然我因为非常受伤而做不到这一点。

仔细想想，我们总能发现别人给予我们某样东西的情形。这可以是非个人的东西，比如有人把香蕉卖给了我们，使我们现在可以吃上这些美味的香蕉；又或者有人种植了香蕉，随后把成熟的香蕉运送到商店里供我们购买。

"关系"（relationship）一词的词源向我们展示了一

点：在过去，它既表示"联结、通信"，也表示"告诉的行为"，因为这个词来自诺尔曼时代英国所用的法语单词relacioun，同时来自拉丁语单词relationem——"送回、归还、一份报告、一个提议"。感激在帮助我们和别人产生联结方面有着神奇的力量。当我们诚挚地说"谢谢你"的时候，这种表达包含着一种特殊的"通信"。而当我们从别人那里收获"谢谢你"的时候，我们经常有把这份感激回送给对方，或是把它转送给其他人的动力。在健康的人际关系中，这种给予和接收大部分时间都处在不断循环的状态。当我们通过真诚的或深切的感激来认可他人——且不求回报——的时候，我们正触及在和他人的联结中无法以任何其他方式触及的部分。我们肯定了那个人的价值，这样一来，那个人就更能从自己身上看到这些闪光点。我们帮助他茁壮成长，也帮助这段关系蓬勃发展。

感激有助于我们记住美好时光

莎拉下一次和父亲之间的谈话帮她找到了一些和戴夫重建联结的感觉。幸运的是，父亲已经开始明白让莎拉在当前和戴夫相处的情境中看清感激的重要性有多么困难。莎拉原本满心憧憬着和戴夫成为室友的美好日子，但她的期望没有实现，现在她自然怀有怨恨的情绪，很难看到戴夫身上的任何优点。在仔细倾听后，莎拉的父亲对两人之间的友谊已经恶化到这个程度深表遗憾。他谈起当初女儿和戴夫共同度过的美好时光，比如学校组织的露营、派对等，以及他眼中戴夫具有的各种优点。在听父亲描述的过程中，莎拉意识到过去六个月的种种困难让她忘记了更久之前的美好时光。那些美好时光的记忆已经被她的怨恨情绪所吞噬。父亲的一番话并没有否认莎拉和戴夫在日常的家务方面存在令人沮丧的分工不均现象，但这些话确实帮她跳出了狭窄的视角，为两人的矛盾找到更广阔的背景。

如果我们查看科学研究，不难发现莎拉的情形完全可以理解，而且很可能会发生在我们大多数人的身上。著名的感激研究人员菲利普·沃特金斯（Phillip Watkins）在他提出的"感激放大理论"（amplification theory of gratitude）中引用了罗伊·鲍迈斯特（Roy

Baumeister)及其同事的研究结果。他们证明了从人类进化的角度来看，无论我们多么努力地关注好的一面，"坏的就是比好的强大"[8]。这并不意味着坏人比好人强大，而是说，"总体而言，坏事、负面的评论、糟糕的互动、消极的想法和痛苦的记忆给我们带来的心理冲击强度要高于好事对我们的影响"[9]。

然而，感激放大理论展示了关键的一点：感激比其他任何一种情绪都更具有让好的一面比坏的一面更强大的能力。沃特金斯认为，当我们心怀感激时，我们会放大对有益的、积极的事件的意识，我们对这些事件的记忆随之加深，我们也更能看到他人的优点[10]。这么一来，我们越多地践行感激，坏的想法和记忆对我们的控制就越弱，我们看到既包括坏的一面，也包括好的一面的全局意识的能力也就越强。

请允许我再重复一遍，通过回忆值得感激的事来放大好的一面，并不意味着把坏的想法或感受替换成好的版本。在接下来的章节中你会读到，如果怨恨情绪非常强烈，尤其当怨恨已经积累了很久的时候，我们必须先完成一些基本的步骤，才可能开始心怀感激。

通过帮助我们记起自己曾经有什么收获,感激往往可以成为我们试着原谅别人的起点。感激需要勇气,需要我们放下身段,但它确实可以帮助我们聚焦他人的优点,从而超越我们所认为的缺点。

感激还提供了强大的保护力量,这样不好的事情就不太可能发生,我们在某一刻涌现的消极情绪演变为长期怨恨的可能性也会降低。如果莎拉一直以来有意识地对戴夫践行感激,她很有可能能够从不同的角度来看待他的行为。莎拉也许会更多地关注戴夫做过的饭,他买过的外卖食品,一天枯燥的学习之后他们进行的生动谈话,等等。这一切都被莎拉的怨恨抵消了,她的眼里只有戴夫该做而没做的事。

通过父亲的提醒,莎拉能够有效地放大她在戴夫身上发现的优点。这逐渐给她提供了新的视角;她不再被怨恨吞噬,终于看到了前行的希望。通过更多地关注她和戴夫的这段关系中让她心怀感激的部分,她回忆起这段友谊如何让她变得充实;在别人刁难她的时候,戴夫如何挺身而出支持她;他又如何以自己的方式在照看公寓方面做出了贡献。

感激有助于我们感到平静

和戴夫之间的矛盾之所以让莎拉进退两难,部分原因在于她的怨恨情绪让她觉得自己是个不讲道理、控制欲强、过于情绪化的人,而这些特质使她无法心平气和且理智地与人沟通。这让她深感不安,她也因此无法专注于学业。但是,当她找回对戴夫的感激之情时,她感到平静了许多。

我进行的调查研究涉及大量不同背景下的案例,其中一个显著且反复出现的主题是:当人们有意识地践行感激时,他们会感到平静得多[11,12]。研究参与人员纷纷表示,感激帮助他们获得了更清晰的视角,增强了他们相互联结的感觉,并帮助他们解决了之前深陷其中而无法自拔的冲突。所以,这是践行感激的又一个理由——它有助于我们保持平静。

感激到底有什么魔力,能让我们进入一个相对平静的状态?对我们从周围的人和环境那里收获的东西保持更为开放的心态,并通过具体行动来表达我们的感激,为什么能赋予我们大多数人努力寻找的平静?

正如我们将在下一节探讨的那样，感激有助于我们保持健康。而当我们处于这种健康的状态时，我们自然能够过上心中充满感激的生活。我们拥有更多的内心安宁。

感激给予我们一种富饶感。我们把注意力转向我们已经拥有的东西，而不是更多还没获得的东西，或者不停地拿自己和别人相比，又或者希望事态的发展有所不同。我们会觉得自己已经拥有足够多的东西，我们本身就已经足够。

感激让我们更加全身心地投入当下这一刻，不为过去担忧，也不为将来烦恼。在某种程度上，当我们处于感激的状态时，活在当下所带来的愉悦有一种自我强化的力量。

此外，如果我们不对自己应该心怀感激的对象表示感激，我们在内心深处的潜意识层面会感到某种不安。也许我们因为太忙或分心，没有及时做出我们心底很清楚自己该做的事——也就是那些该说的"谢谢"或该表达的感激行为。合适的时机过去了，然后我们可能觉得再感激已经太晚。这会导致我们内心始终无法平静。

感激有助于我们感到平静的另一个原因是，通过有意识地践行感激，我们可以更主动地控制我们对已经发生的情况做出的反应，包括在逆境中出现的各种情况。我们在自己如何行事、如何对他人和世界呈现自己等方面有了更多的选择权。我们意识到我们无法改变他人，而且改变他人也不是我们的责任。但是，我们可以改变自己。在接下来的章节里你会发现，当我们从怨恨走向感激时，我们会感到平静得多，因为我们在选择方面有了更多的自主权，可以重新把关注点放在可以实现的事情上。

感激有助于我们保持健康

我们看到莎拉的怨恨情绪使她感到压力重重，出现了睡眠问题。在困难的人际关系中践行感激的另一大动机是，当我们心怀感激时，我们在精神、情绪和身体层面的感觉都会变得更好。而当我们心存怨恨时，会出现截然相反的结果。通过观察这两种状态如何在我们的生活中显现，我们可以对自己的健康状况有所了解。

我和一位肿瘤学教授进行联合调查，试图判断感激与提升癌症患者享受的临终关怀服务的质量有多大的关联性。这对我而言是一次难忘的体验。这位教授选择发起这个研究项目，是因为他注意到感激的态度和怨恨的态度，在对病人的影响方面存在明显的差异。

总体说来，大多数癌症患者——无论年轻还是年长——都对自己的尊严和自我价值感突然被一种绝症碾碎的情形充满了怨恨情绪。他们怨恨自己需要依靠他人。他们怨恨照料者经常在不经意间流露出怜悯的态度。他们怨恨自己周围的人都活得好好的，但自己却快要死亡，或已经面临死亡的风险。他们怨恨医疗行业的官僚作风和需要他们填写的没完没了的表格。此外，他们还充满了自我怨恨。大多数患者不喜欢随着自己的病情而浮出水面的怨恨情绪，但他们对此又无能为力。

据这位教授观察，怨恨似乎是决定这些癌症患者对相关治疗做出何种反应的关键因素。相比之下，当年龄、背景一致且得了相同癌症的患者怀有感激的态度时，他们应对漫长的治疗的能力似乎要好得多。一些来自其他医疗领域的临床研究也证实了这一观察结果。[13-15]

当然，这位肿瘤学教授并不是说感激足以治愈癌症，但他强烈地感觉到，无论癌症病情如何发展，感激在给患者提供尽可能好的生活质量方面都是非常重要的因素。

意识研究和认知神经科学领域近些年的发展带来了不少临床研究，证明感激能够大大提升我们的幸福感。比如，在心理健康方面，数项研究已经显示，拥有感恩倾向可以在一定程度上保护我们免受抑郁、焦虑、压力和创伤的伤害[16-21]。研究还显示，感激有助于提高睡眠质量，改善心脏健康和免疫系统功能，并减少一系列其他的躯体症状。它还有助于改善心情，降低疲劳感，可能有效地防止过劳对我们的折磨[22]。一项最近的研究表明，表达感激可以让人更加努力地投入一系列积极行为，比如锻炼身体、建立人际关系、帮助他人以及其他能够带来自我改善的主动行为。[23]

感激还有助于我们变得更加坚韧。我们需要复原力来抵抗怨恨的强大影响，并培养坚韧的特质，以减少怨恨对我们的控制。研究显示，感激可以促进积极的重新评估和健康的应对行为[24,25]。它还能拓宽并建立社会和认知资源。[26]

尽管关于怨恨对健康的潜在影响的研究仍处于初期，数量远远不如感激主题的研究那样繁多，还是有一些证据已经显示，怨恨对我们的幸福有着和感激截然相反的作用。著名哲学家弗里德里希·尼采曾经写过：

> "没有什么能比怨恨更快地激怒某人……对精疲力竭的人而言，没有什么回应是更加不利的；怨恨会迅速消耗神经能量，有害的分泌过程则呈病态增长，比如胆汁倒流入胃里。"[27]

涉及怨恨研究的书籍屈指可数。在其中一本名为《关于怨恨：过去和现在》(*On Resentment: Past and Present*)的书里，数位撰稿人描写了怨恨的消极影响，包括焦虑、抑郁和愤懑。其中一位作者皮拉尔·莱昂-桑斯（Pilar León-Sanz）是医学和医学伦理学领域的历史学家。她阅读了从1939年到1960年期间在身心医学领域期刊发表的270多篇文章，并总结出这些文章详细罗列的怨恨对身心的影响。她的结论是，这些研究已经表明，怨恨可能会导致溃疡、胃功能障碍、胃灼热、心肺症状、心脏疾病、运动不耐受、头痛、背痛、关节痛、失眠和精神压力等。[28]

关于不宽恕和思维反刍的研究显示了它们和怨恨之间密切的相关性[29]。比如，神经科学家埃米利亚诺·里恰尔迪（Emiliano Ricciardi）和他的同事提供了一份关于不宽恕和思维反刍如何侵蚀健康的总结报告。它们的影响包括睡眠的缺失、心血管活动的改变、与压力相关的激素的刺激，以及较长时间内发展出来的包括抑郁症在内的临床症状[30]。其他的研究显示，保持不宽恕的态度与加速衰老过程、导致各种疾病的压力相关[31]。同样地，思维反刍（医学上定义为强迫性地考虑一个想法、情境或选择[32]）也被证明对健康的应对有消极影响，是诸如心脏病、癌症等慢性病的促成因素之一。[33]

没错，怨恨对躯体的影响经常通过我们的日常用语表达出来。比如我们抱怨某人是个"讨厌的家伙"（pain in the neck，字面意思是"颈部的疼痛"）；我们"深深地"（in the pit of our stomach，字面意思是"在我们胃部的坑里"）感到他人带给我们的伤害；某人让我们"头疼"（makes our head hurt，字面意思是"使我们头疼"，同中文），让我们"变得麻木"（hardened our heart，字面意思是"让我们的心肠变硬"），又或者令我们感到"心碎"（broken-hearted，字面意思是"心碎"，同中文）。

我们的"为什么"永远不该是试图改变他人

让我们回到莎拉和戴夫的例子。莎拉新近发现的对戴夫的感激之情使她做出了不搬出去住的决定。在接下来的几周内，她注意到自己的压力明显减少，睡眠有所好转，并且能够更加专注于学业。

但是读到这里，你也许会问：戴夫到底有没有改变他的行为？没错，他很有可能需要做出一些改变才能让两人的关系往积极的方向发展，从而在分配家务方面更加公平合理。你在其他章节里读到的某些故事会有这样的结局：当一方践行感激时，另一方也立刻做出充满感激之情的回应——我和我母亲的例子就属于这种情形。如果发生这样的事当然很美好，但并非所有故事都有这样的结局。在莎拉和戴夫的故事里只描述和莎拉相关的部分，是我的刻意选择。我坚信感激并非必须具有相互性。如果我写感谢信是因为我希望从母亲那里得到什么，比如希望她对我表现得更充满关爱，或者希望她做出某些改变，那我的感激就是有条件的，因此它的震撼力也会大大减弱。母亲对我的感谢信做出的反应和随后我们之间关系的逐渐融洽令我非常感动。这进一步放大了我的感激之情。但是，这样的结果是伴随着意外出现的：我并没有指望它们发生。

　　换句话说，我们践行感激的目的不是让别人以某种方式做出回应，或者让我们有能力去改变别人，又或者让别人对我们心怀感激之情。这永远不应该是我们的理由。如果我们用对方的感激作为衡量我们自己的感激是否成功或有影响力的标准，我们十有八九会感到失望，而这又埋下了更深一层的怨恨的种子，因为对方没有按照我们希望的那样行事。

此外，我们的感激行为可能会以我们永远不知道，或很久以后才发现的方式继续相传下去。在《跳出教育的盒子》(Teaching Outside the Box) 一书中，卢安·约翰逊（LouAnne Johnson）通过一个私家侦探社社长的故事说明了这一点，这位社长被问起人们雇用私家侦探的最常见的理由是什么。我们可能会认为答案是调查婚外情，但这是错的。在采访该社150多名侦探后，他发现最常见的客户请求是寻找自己以前的某位老师，以向他表示感谢！[34]

为了培养感激的心态，莎拉首先需要跳出固定的思维模式，不去想自己的感激将如何影响戴夫或改变他的行为。她践行感激的原因应该聚焦在她自己身上，让自己做出改变：努力维持她的友谊；帮助自己成为更善良、更表里如一的人；放大她在戴夫身上和自己的生活里看到的闪光点；让自己在人际关系和应对冲突方面更娴熟一些。

然而，虽然莎拉已经发现她需要解开自己和戴夫之间的心结，厘清两人共同面对的难题，但这并不意味着她和戴夫之间的一切差异和冲突就这样彻底消失了。事实上，尽管两人的纠葛得到了一定程度的缓解，莎拉也对戴夫恢复了一部分的感激之情，她新找到的感激正在发挥它最重要的作用之一：照亮内心尚存怨恨的角落。如果他们打算继续合租下去——没错，从莎拉的角度来看，如果她希望自己和戴夫的友谊变得更为稳固和诚实——两人还需要就很多事情进行交流、讨论，并希望最终能达成协议。

我们在这一章里探索的情境还是比较容易明白的，我们也不难想象在恢复了一定程度的感激后，我们能够放下怨恨的那种情形。不过，某些破坏这一目标的事情就没那么简单了——特别是那些可能导致感激看上去完全无法触及的感觉，尽管我们知道感激很重要。那些感觉往往是模糊的、令人感到不舒服的，且时常被隐藏。

正如下一章探讨的那样，找到出路、走出困境的第一步是先识别我们的怨恨情绪。通过明辨怨恨的潜在特质，我们能够对它的形态、感觉和声音表现形式有更清晰的认识，因此也就能够相应地采取某些措施。

深切感激的特征

- ❖ 建立并维持人际关系。
- ❖ 始于欣喜、理解、敬畏或意外等感觉。
- ❖ 通过具体行动表达时，感激之情会进一步加深。
- ❖ 需要付诸行动并不断践行，而不仅仅是停留在想法或感觉的层面。
- ❖ 产生更多的感激之情。
- ❖ 随着时间推移而加深。
- ❖ 培养出一种相互联结、相互依赖的感觉。
- ❖ 同时涉及给予和接受的关系模式。
- ❖ 不图回报，也不期望别人做出改变。
- ❖ 放大我们看到的他人身上的优点。
- ❖ 帮助我们看清自己在哪些地方心存怨恨。
- ❖ 通过我们可能永远也不会意识到的方式影响自己和世界。

识别我们的怨恨

> 怨恨就像是自己喝着毒药,然后希望它杀死你的敌人。
>
> ——纳尔逊·曼德拉
> (Nelson Mandela)

怨恨藏得很深

感激有一种神奇的力量，可以照亮我们内心感激缺失的部分，尤其是它的对立面——怨恨——存在的部分。当我们处于某些特定的情境时，我们会渐渐注意到这一点。那些时候，我们很想表达感激之情却无法真诚地说出口，因为我们实际上感到很痛苦，或不想说话。我经常把这种情况描述为"模糊的"，因为我们知道有些事不对劲，但往往很难给出一个具体的名称，也很难完全向自己承认这种感觉，更别说向对方承认了。

事实上，仅仅意识到我们存在怨恨情绪都很困难，因为它天生就爱隐藏。哲学家胡安·贝尔纳尔（Juan Bernal）是这么说的："在人际关系中，怨恨的标准不应该摆到桌面上讨论；怨恨情绪甚至应该对自己保密。"[1] 我们可能害怕承认心中的怨恨情绪，因为我们想保持自己是好人、充满正能量的形象，又或者我们不想破坏现状。

尽管其他的消极情绪也让人感到不愉快，但是像妒忌、愤怒、懊恼和失望之类的情绪都比怨恨要"坦率"、有意识得多。我们往往比较容易和别人谈论这些情绪，因为我们的反应看起来完全合理，社会接受度自然也更高。如果因为临时员工的身份而被恶劣对待，你感到愤怒似乎无可非议。对政客面临气候变化的无所作为表示愤怒和懊恼也被视为可以接受的立场。对因家暴造成的伤害表示憎恶和愤慨更是真诚的回应，受到公共意志的认可。

然而怨恨经常带有一种羞耻感。它揭露了我们的真面目，让我们看起来有些软弱，或者看起来不是我们愿意认为自己是的那种人，又或者不是我们想让别人看到的那种人。为什么我们还没有往前看？为什么过去这么久了，我们还对这样一件微不足道的小事耿耿于怀？这样的小事竟然会给我们带来如此深的伤害，有时确实会让人觉得不合情理。羞耻感和内疚又让情况变得更加复杂，进一步影响我们识别怨恨的能力。

如果对那些我们认为应该感激的对象感到怨恨，我们也可能会觉得羞耻。我们会困在所谓的"黏糊糊的感激网"里，一方面觉得由于自己从他们那里得到一些好处，于是对他们有所亏欠；另一方面又因为他们伤害了我们，所以心中充满怨恨。怨恨在这里通常是更为强烈的情绪，但是我们倾向于把它隐藏起来，因为我们认为自己应该心怀感激。这种"黏糊糊的感激网"在恋爱关系中十分普遍。我们可能不断受到诸如"伴侣在过去为我做了什么"和"我们对他们充满感激之情的一切理由"之类的提醒。但是，这可能会阻碍我们在某些问题上对自己诚实，比如和伴侣讨论他们令我们感到失望或给我们带来痛苦的方面。

"黏糊糊的感激网"的另一方面体现在渗透到我们内心里的观念：无论我们多么感激对方，如果他们造成了我们的怨恨情绪，就应该由他们来努力修复这段关系，而不是我们。我们可能仅仅满足于表面功夫，给予对方平庸或不诚恳的感激——顺便提一句，这不是真正的感激——然后就等着他们来承认我们的痛苦，并做出恰当的补偿。这种等待游戏可以月复一月，甚至年复一年地持续下去。与此同时，我们隐藏起自己的怨恨情绪,把它正常化,或者决定在恋爱关系中降低自己的要求——这一切都是以"感激"之名。

如果我们重温当年的伤痛或苦难,我们经常会有一种恐惧感,害怕自己揭开旧伤口。而且,如果我们考虑和对方摊牌的后果,我们可能会担心他们做出什么事来——尤其当他们处在有权力的位置上时。和伤害过我们的人对峙可能是非常恐怖的经历。我们也许不相信自己能够理智、平静地应对这种情形,所以我们告诫自己不要插手,让一切顺其自然,这样效果会更好。如果我们在很长一段时间内都这么做,我们就在不断地把它正常化,直到有一天我们甚至无法识别自己的怨恨情绪。我们的怨恨可能已经持续了太久,以至于它俨然成为我们存在方式及人格的一部分。我们甚至不认为它是我们可以选择的东西。

当然,有些怨恨并没有隐藏起来,比如和创伤性事件导致的不公平相关联的怨恨。表达这种怨恨情绪相对来说容易得多,因为它通常被认为是公正且完全合理的。在这些例子里,怨恨可能被视为——人们对此也大多表示赞同——最恰当的回应,因此不带任何羞耻感。大众对种族歧视或宗教偏执充满怨恨情绪的抗议便是典型的例子。

但是，这些社会层面的大怨恨可能会淹没日常生活里的一些小怨恨，或者弱化后者的重要性。我们为自己对小怨恨耿耿于怀而感到羞耻，其中一部分的原因正是和世界上那些更大的不公平比起来，这些小怨恨显得无足轻重。我再重复一遍，绝大多数关于怨恨的文章和书籍都是从那些更具创伤性的大怨恨的角度出发来进行讨论的。相比之下，小怨恨受到的关注要少得多。

为了让怨恨不再躲藏，我们首先需要承认它的存在。我们需要给自己的怨恨一个声音、一个形状，在不带羞耻感和内疚、不带自我评判或他人评判的前提下，把它放到桌面上讨论。只有那个时候我们才能看到怨恨在多大程度上夺走了我们的感激，并破坏了我们的人际关系。在这一章里，我们会仔细看看怨恨的主要特征，这样我们才能够更好地识别自己的怨恨情绪。首先寻找怨恨的地方之一是让我们觉得不可能心生感激的情境。

怨恨否定感激

一个经典的怨恨的例子来自我从别人那里听到的关于杰里米和他母亲格温的故事。格温过去10年住在一家养老院里。杰里米很怕去看望她（然后又对自己的这种感受感到内疚）。他们的谈话通常不外乎格温喋喋不休地抱怨她的丈夫，也就是杰里米的父亲，如何无情地终结了两人的婚姻，和那个比格温年轻很多岁的女人私奔了。她没完没了地重复相同的故事：他们不得不卖掉以前那幢美丽的房子；杰里米不得不转学；她失去了很多朋友；如果她的丈夫"做了正确的事"，他们的生活肯定要好得多得多，等等。

格温这种持续存在的遭受背叛和伤害的感觉非常强烈，这在一定程度上是可以理解的。但这种感觉已经主宰了她过去30年的生活。不是5年，不是10年，不是20年，是整整30年！格温始终无法释怀那种背叛带来的痛苦。她的感受不可能"重新发送"㊀，因为痛苦被牢牢地卡住了。怨恨已经渗入她的骨髓，不但

㊀ 作者此处巧妙地玩了一把文字游戏。"重新发送"的英语原文是re-sent，和"怨恨"的动词形式resent拼写一致。——译者注

毒害了她的思想,也毒害了那些和她亲近的人。

当丈夫告诉格温他决定结束这段婚姻的时候,她百感交集:妒忌、愤怒、失望、懊恼、悲伤,以及极度震惊。她根本没有想到他会给她带来这么深的伤害。那些痛苦的想法始终萦绕着她,夜复一夜、年复一年地在她脑海里翻滚。最终,她的感受变成了一种无比深刻的怨恨。

格温同样透过怨恨的镜头来看待她生活中的其他事件。只要事情的走向不符合她的意愿,她就很容易感到失望。最后,她的愤愤不平变成了定义她生活和自我认同的重要部分。正如著名哲学家弗里德里希·尼采所说:"这世上没有什么能比怨恨的激情更加迅速地吞噬一个人。"格温被怨恨吞噬得如此彻底,以至于她建立起一个固定的"怨妇"形象。

格温的愤愤不平通常在圣诞节期间会变本加厉,因为她的丈夫当初是在平安夜宣布他要离开这个家的。她对杰里米的一连串抱怨全都可以预见,"我可不想再熬一个圣诞节……又来了,又是一个悲伤凄惨的圣诞节，真是要多谢你的父亲"，等等。大部分时间，格温是如此怒火中烧，以至于她根本无法看到或感受到其他人的痛苦。杰里米的妻子和孩子对此难以忍受。每一年，他们都祈求过一个"没有格温的圣诞节"。他们厌倦了格温的怨恨情绪总是准时出现，一年又一年破坏整个节日的情形。

不仅格温的家人觉得她很难对付，养老院里的看护人员也怕和她打交道。大家都清楚，只要任何人对她的需求稍有怠慢，或者没有按她的标准去做某件事情，她一定会说一些充满敌意、尖酸刻薄的话。她在养老院的那些年里，几乎没有对任何人为她做的任何事表示过感谢。反过来，这也使得工作人员更不太可能愿意和她相处。

杰里米尝试过提醒母亲，父亲并非一无是处。他们曾经有过开心的日子，父亲也确实有一些好的品质。最让杰里米感到难过的是，格温竟然没有意识到杰里米本身就是这段婚姻带来的好事之一。但格温的怨恨实在太强大，它摧毁了一切心怀感激的可能性。格温只能看到丈夫离开自己的不公平，完全无法聚焦丈夫离开之前曾经发生过的美好。

为了母亲好，也为了自己和家人好，杰里米请求母亲原谅父亲，放下一切的痛苦和责备。但只要杰里米一提这个建议，格温就会感到受伤或愤怒。她指责儿子麻木不仁，轻视她的痛苦。于是，她的怨恨继续加深。

怨恨反复纠结

哲学家阿梅莉·罗蒂（Amélie Rorty）是这样描述怨恨的："它以过去为食，不停咀嚼蒙羞、受侮辱和受伤事件的痛苦记忆并不断反刍，直到它们的苦涩变得美味可口。"[2]

你是否曾经被某人伤得很深，认为自己永远也无法释怀？就像格温那样，这种感觉会几十年如一日地追随着你。每当夜深人静、没有其他事情让你分心的时候，它就会跑出来折磨你。你在脑子里一遍又一遍地回放发生过的事情。你陷入思维反刍，试图梳理自己的痛苦、震惊，希望可以把事情搞明白，但你就是做不到。到了白天，你逮着任何一个愿意听你说话的人,把来龙去脉重新梳理一遍,试图搞明白为什么你会落得这样的下场。你渴望从别人那里获得认同,让他们打消你的疑虑:你不是一个人,他们同样对你的遭遇感到厌恶、愤怒或意外。

怨恨(resentment)一词来自古法语词汇 resentir,意思是"重新体验强烈的感觉"[3]。怨恨有两个显著特征:第一,它促使我们陷入思维反刍,也就是在脑子里一遍又一遍地回放当时的情形;第二,随着时间的推移,它并没有消失,而是一直停留。

当格温的丈夫选择结束他们的婚姻时,她没有隐忍。她向任何愿意听她诉说的人表达了自己的震惊、伤痛和愤怒。但由于她没有直接向丈夫表达这些感受——而丈夫正是她痛苦的来源,她始终无法放下他的不公平行为,于是她的感受逐渐固化为怨恨。而且,她觉得自己没有能力做任何事情来改变这一情形。格温的情绪(emotions)无法成为"移动的能量"(e-motions,即 energy in motion),因为她深深地陷入痛苦,动弹不得。

怨恨不是单一的情绪,而是由一组混合的情绪构成的。社会学教授沃伦·腾霍滕（Warren TenHouten）把这种特点称为怨恨的"三重"属性。他的意思是，怨恨由愤怒、厌恶和意外三种情绪组合而成[4]。我们这里说的意外不是令人愉悦的惊喜，而是格温体验到的那种震惊：对一个人竟然能以这样的方式行事，或者对事情并非看上去的那个样子而深感惊讶。正是这种震惊让我们的怨恨无处逃遁。

由于怨恨是一种受困的情绪，我们无法简单地从痛苦中走出来。随着它不断增长、恶化，它会变成吸引其他怨恨的磁铁。你可能有过这种经历：晚上醒着躺在床上反复地回想当下的怨恨情绪，结果发现其他的怨恨似乎也都慢慢地进入你的脑海。如果你对这种怨恨置之不理，它可能会导致失眠及其他一大堆在第1章中描述过的生理疾病和精神疾病。

我们通过格温的例子可以看到，她的思维反刍变成了习惯性行为，而怨恨也成了她的全部人格，是她生活、和他人相处的绝对原则——甚至包括那些和她的痛苦毫无关系的人。当怨恨变成我们在这个世界上的存在方式时，思维反刍不再局限于我们的情绪和想法，而是有可能让我们发展出一整套病态的怨恨模式。

怨恨寻求公正

那么，如果格温原谅她的丈夫会怎么样呢？这足以让她摆脱怨恨情绪吗？不太可能，因为怨恨的另一个特点是：我们嘴上说我们已经原谅了对方，但不舒服的感觉仍然占据上风，在内心不断盘旋。[5]换句话说，除非我们找到一种方法能既原谅对方又把过去的事忘掉，否则我们会一直困在我们自认为受到的不公平待遇里，无法前行。

举个例子，如果我们采纳约翰·F. 肯尼迪（John F. Kennedy）的建议，"原谅你的敌人，但永远不要忘记他们的名字"，这就相当于允许我们的怨恨和我们的原谅并肩而坐。但是，这样的立场其实削弱了原谅的力量，在某些情境里更是削弱了原谅的真实性。我们所谓的"不忘记"可以理解为抓住痛苦情绪不放的刻意决定。

于是，当别人给予我们这种原谅的时候，我们必须质疑它的真诚性和力量。你可能经历过类似的情形：对方说已经原谅你了，但他说这话的时候带着痛苦的表情，或者不敢正眼看你，又或者你知道他会继续在背后中伤你、诽谤你。结果，你并没有真正感到自己获得对方的原谅。

我们说要原谅但不要忘记的主要原因之一是，我们讨回公道的需求位于怨恨情绪的核心。它是我们纠正错误的方式。我们认为通过对怨恨做出回应，我们在表明自己对已经发生的不公平事件的道德立场。事实上，有些人甚至把怨恨称为"正义的情绪"。[6]

对格温而言，放下她的怨恨相当于放过她的前夫——她接受他不公平且有害的行为，或者说她宽恕他对她的背叛。格温的怨恨成了一种她向自己和他人宣告的方式：她分得清是非黑白，她显然是对的一方，而她的前夫显然是错的一方。

然而，认为怨恨会以某种方式帮助我们讨回公道，让对方也尝到受伤的滋味，无异于幻想。实际情况是，怨恨只会给我们自己和我们身边的人带来伤害。这正是纳尔逊·曼德拉的表述如此贴切的原因："怨恨就像是自己喝着毒药，然后希望它杀死你的敌人。"尽管格温认为她强烈的怨恨情绪是完全合理的，事实上她的丈夫早就已经往前走了。他过上了新生活，而且在30年之后，很有可能对自己当年给格温带来的痛苦已经不再有多少内疚的感觉。

我再重复一遍，因为怨恨寻求公正，仅仅依靠原谅是不太可能对痛苦释怀的。那种不公平的感觉让我们很难真正原谅对方。在寻求公正的过程中，怨恨一直将我们困在我们自认为受到的不公平待遇的记忆里，于是我们无法前行。

我们还可以从另一个角度来解读这种情形。当我们被怨恨吞噬，无穷无尽地思维反刍我们所认为的不公平事件时，我们几乎不可能给当事人一个公平的机会。我们的惊讶和极度失望往往限制了我们从对方的角度看问题的能力。怨恨会使我们急于保护自己，而我们又经常以公正之名设置各种障碍，让自己无法从不同的角度看问题。这会使我们变得超级敏感，并可能因此看不到前行的路。所以，我们也许会告诉自己，还是不理会这段纠结的关系，继续压抑和隐藏我们的怨恨，相对更容易一些。

怨恨导致无力感

我们看到杰里米恳求格温做出不同的选择——原谅，选择感激在丈夫离开她的"事件"发生之前相对更快乐的时光。他始终希望有一天，她会意识到自己在如何对"事件"做出回应这方面是有选择权的。事实上，自己无力选择不同的回应方式已经成了她根深蒂固的信念，而这正是最让杰里米感到厌烦的一点。

当我们长期保持怨恨情绪的时候，它会控制我们看世界的方式，于是我们收集证据来强化这个给我们带来痛苦的故事。由于怨恨已经深入我们的骨髓，它固化了我们的世界观。对方的不正当行为成了我们故事的全部内容，根本没有空间容纳其他东西。正如格温的例子那样，仅仅建议她做出不同的选择，感觉上都像是对她的整个身份进行攻击。

怨恨的一个特征是我们觉得自己没有能力选择一种不同的状态。事实上，大多数时候，我们不但责怪对方的不正当行为，还责怪对方让我们陷在怨恨的情绪里动弹不得。我们停留在一种有害的循环回应方式里，却不采取行动尝试不同的选择。结果，怨恨就这样产生出一种我们没有其他选择的错觉，并以责怪他人和感觉我们是完完全全的受害者的方式体现出来。为我们自己的状态以及我们的回应方式负责，会让我们觉得自己放过了对方，或在某种程度上原谅了对方。这无疑再次威胁到我们对整个事件公平性的追求。

承认你心存怨恨以及你有能力做出不同的选择，是你采取实际行动前可以做的最重要的两件事。这也是杰里米选择的道路。最终他不得不接受，指望他81岁的母亲做出改变是件注定要失败的事。他能做的，是从这段经历中吸取教训，以确保他对母亲的怨恨情绪不会进一步恶化。这样一来，他也就不会以这种具有无力感和毁灭性的方式去应对自己生活中的各种失望了。

怨恨会不断恶化

如果你心存怨恨，隐藏你的真实想法有没有让它消失？压抑怨恨情绪只会让情况变得更糟。我们不能默默等待，希望怨恨可以自己走开，或者随着时间的流逝而消失。因为从本质上讲，怨恨是不可能消失的。它会不断恶化，并在它周围聚集相同属性的能量。在我们拉拢别人来认可和强化我们的不公平感受的过程中，我们很可能会招来一些有着自己的小算盘、同样心存怨恨的人。

正如之前提到的，因为丈夫背叛婚姻的行为带给格温的震惊已经在她身上留下了深刻的烙印，并且最终影响了她整个人的生活方式，所以她会透过相同的镜头来看待生活中许多其他的事情。她总是寻找类似的失望或背叛的例子，然后在脑海里把它们放大，以证实她的观点：这个世界是不公平的。

我们的怨恨会不断恶化，还因为它会导致别人对我们心生怨恨。我们在格温的例子里看到，她充满怨气的态度令她的家人和养老院的护理人员反感。这导致他们对她产生怨恨情绪，而这无疑再次证实并强化了她的观点：整个世界都和她过不去。

回到第1章里讨论过的我和肿瘤学教授做的联合调查。他不但有兴趣通过这项研究来考察感激对病人的影响，还有兴趣了解感激对护理人员的影响。他发现，充满怨恨情绪的病人展现出来的不敬和消极态度，明显对护理人员有不良影响，而且频率高得不可思议。护理人员不但会避开这样的病人，或在照料他们的时候走捷径，时间一长，他们还会因为病人不断的指责和抱怨而在心理和情感层面备受折磨。最终，这些护理人员不仅对刻薄的病人心生怨恨，更是对所有的病人都付出较少的关心。这位教授猜测，这种恶性循环很可能是导致医生和护士在和大量充满怨恨情绪的病人展开工作时出现较高的倦怠率的主要原因。事实上，在看护背景下做的关于怨恨的研究已经显示，对自己不得不照料年迈老人而感到怨恨的人容易感到焦虑和抑郁[7,8]。

这位教授对此极为关注，因为他的工作和确保病人临终关怀的质量息息相关。他清楚地看到，那些心怀感激的病人相比之下容易照料得多，而这似乎又顺理成章地对他们的生活质量有更为积极的影响。[9]

怨恨是感激的对立面

有一种理解怨恨的方式是从它的对立面——感激——来看待它。还是那句话，想看清怨恨如何发挥作用，一个屡试不爽的办法是留意任何一段让你觉得无法想象自己向对方表达感激的人际关系。比如，你可能刻意回避打电话或发邮件给朋友，不对他们做的美味晚餐表示感激，因为在看似平静的表象之下，你还在为之前在某个场合被他们轻视而感到受伤。

哲学家罗伯特·罗伯茨（Robert Roberts）对感激和怨恨这组概念的分析显示，它们是彼此的对立面，即完全相反的状态或存在方式。[10]这并不意味着我们的组成部分不能同时包括感激和怨恨。如果没有一定程度的感激，我们无法拥有正常的人际关系，而我们绝大多数的人也做不到完全没有怨恨，所以我们的组成部分是同时包括感激和怨恨的。对立面的实际意思是，如果我们希望对某人怀有真诚的感激之心，我们不可能同时对他们怀有怨恨之情。所以，如果我们要对某人表示感激，我们首先需要处理对对方的怨恨情绪。

想想让你觉得很容易怀有感激之心的某人，再想想让你觉得很难有这种感觉的某人——因为你们之间有太多的怨恨。你和这两位的关系的区别，也许能帮助你看得更加清晰。一方面，当你和前者相处的时候，你会希望自己成天和他待在一起。你很容易和他产生联结，发现并赞扬他的优点，并承认这段关系对你而言多么重要。另一方面，当你和后者打交道的时候，你会尽力避开他，无论是身体还是情感层面。哪怕只是听到他的名字都会让你觉得受到侵犯，或者心情立刻变糟。

怨恨使人们彼此孤立，感激则让人们在思考自己收获了什么、又该如何回馈他人的过程中，建立起更亲密的人际关系。怨恨使人们彼此疏远，感激则把温暖、接纳、喜悦和爱带入人际关系。怨恨还让我们在思维反刍自己被夺走了什么的过程中耗尽精力，而感激给我们带来活力，让我们不但关注自己收获了什么，还关注如何能回馈他人。总之，怨恨削弱并破坏人际关系，感激则建立和维持人际关系。

从某种意义上来说，感激和怨恨都源自给予和接受礼物的循环。感激承认了你从别人那里收到的东西，并激励你以某种方式进行回馈。怨恨则带有一种不公平感和特权感，就是别人应该给你什么，但你没有收到；或者别人给你的东西反而伤害了你的那种感觉。

怨恨经常让我们感到，别人是在我们付出代价的基础上获益的。也就是说，伤害我们或令我们失望的那个人得到了一些东西，而与此同时，我们失去了这些东西。这正是格温无法释怀怨恨情绪的原因：抓住怨恨不放手，她就可以始终觉得局面尽在自己的掌握之中。一旦放手，她前夫就赢了，而她自己则输了。事实上，如果践行感激，人人都是赢家。当我们给予时，我们同时也在收获，我们感觉良好，于是主动寻找我们可以让他人受益的方法。

感激和怨恨还都具有一种"捆绑"的特质。就像罗伯特·罗伯茨说的那样："感激往往会把人们捆绑在友好、互相喜爱的人际关系中，而怨恨则令人们互相排斥，把人们捆绑在充满怨气和敌意的人际关系中。"[11] 就像我们之前讨论的那样，怨恨确实会阻碍我们原谅他人，因为它把我们和伤害我们的事捆绑在一起，以令人痛苦的方式不断提醒着我们，这件事并没有结束。

感激作为一种练习

面对我们到目前为止已经学过的关于感激和怨恨的知识，也许你会有一些被淹没的感觉，或者觉得这一切都太难了，又或者你想寻找相对比较容易让你怀有感激之心的人际关系。事实上，一旦你和自己的怨恨情绪有更多接触，你可能会觉得，对一个伤害你的人表达感激，比你最初想象的还要困难。逻辑告诉你，既然是对方伤害了你，当然应该由对方来努力挽回这段关系，而不是由你来做这件辛苦的事。正因如此，你需要在充满怨恨情绪的状态下，找到方法来获取感激之情，尤其是当你特别不想向对方表达感激的时候。

从怨恨走向感激不是随便想想你就会自动去做的

事。实际上，你很有可能想到一大堆不这么做的理由，又或者你会忍不住拖延，先去做其他让你感觉更舒服的事。我的目标是向你展示一种不那么令人畏惧的践行方法，这样你就可以用让你感到舒服的方式来拥抱感激，从而渐渐解开你内心纠结的线团。

我们可以通过加深对"感激"这个概念的理解来实现这一点。截至目前，我们已经对"深切感激"进行了一定探索。它是一种目的性很强的行为，源自感激之情，或者说我们承认自己从某人那里收获了一些东西，因而我们有动力以某种方式来表达我们的感激。当我们在带着怨恨情绪的状态下试图心怀感激时，如果能记住感激是我们刻意练习的行为，而不是自发的积极感觉，或是我们立刻就能"执行"的事，将对我们颇有帮助。[12-14]

打个比方，就像学习演奏某种乐器，这不是一次性的行为，我们也不需要在第一次尝试的时候就表现完美。"练习"这个概念本就旨在鼓励我们"尝试"某样陌生的东西，以便让我们的技能更加娴熟。这里没有完美主义或评判自己的余地。我们当然不能一开始就认为自己是专家。最重要的一点在于我们不断努力。所以，当我们践行感激的时候，我们也要承认这是一项进行中的工作。我们需要不时地回到这项工作中，这样我们才能越来越接近自己的目标。同理，如果学习小提琴，你必须不断练习，无论你在那一刻是否愿意。不能等到所有条件都合适了才开始练习，不然你永远不会进步。

  要取得成功，我们必须设定现实的目标。与其尝试对身边所有的人，或者对所有让我们感到怨恨的人都表达感激，不如选一两个人或情境作为对象，逐步地、稳定地培养感激之情。这是更为明智的做法。这些对象最好在我们的舒适区之外，但又不会离得太远。这一点很重要。这样一来，我们选择的感激练习具有一定的挑战性，但其难度又没有大到引起更多怨恨情绪的程度。

  比如，你可以选一位同事——他多次无视你保持安静的请求，让你感觉不受尊重，于是你对他有怨恨情绪。这肯定比选一个深深伤害了你，或者你已经怨恨了很久的对象要实际得多。你从这个相对简单的练习中获得的认知、技能和自信将有助于你以后应对难度更大的情形。

你的第一个目标可以是写下让你感到怨恨的理由。我们在这一章里已经详细讨论过,识别你的怨恨是一种影响力巨大的行为,因为它照亮了你心里隐藏的角落,让你更有意识地对真正发生的事做出回应。如果你有足够的能力,下一步可以尝试承认你在这个局面里起到的不良作用,而不是完全责怪对方。另一种往前走的方法是开始寻找对方让你心生感激之情的特质,或者说寻找对方的优点。这可不是一次性的举动,我们要把它视为感激练习,在必要的时候加以反思并不断重温。我们每做一次这个练习,都将在解开线团的道路上继续前进一小步。

在践行感激的时候,我们需要感到这种行为肯定了我们的为人,而不是贬低了我们。尽管这听起来似乎不那么自然,但至少我们在这个过程中需要让自我感觉变得更好一些。把感激视为练习的一大优势在于,它让我们有机会做一些尝试,并判断这种尝试对我们而言是真实的还是虚伪的。最重要的是,我们可以判断它是否让我们承受压力，因而在这一刻是我们力所不及的目标。

正如我们在第 1 章里讨论的那样，我们践行感激是为了改变自己，而不是改变他人。牢记这一点至关重要，特别是当我们开始练习感激而心里还怀有怨恨情绪的时候。我们感到震惊，对整个情形的不公平耿耿于怀，很自然地，我们希望对方意识到自己的错误，先向我们道歉。这就是记住我们此刻在*练习*感激的重要性所在：我们需要付出努力去关注*我们*的行为，关注*我们*如何改变、成长并从怨恨中走出来，无论对方是什么情况。

由于感激和怨恨是彼此的对立面，当我们每次努力走出怨恨时，就在走向感激。因此，这些远离怨恨的行动实际上都是感激练习。我诚挚地邀请你转换思路，不仅仅把感激想成一种温暖的致谢，而是把它视为为了应对你的怨恨情绪而采取的积极步骤。

怨恨向我们展示什么东西是重要的

正如我们讨论的那样，怨恨最清晰地向我们展示了一点：我们生命中的人很重要。他们对我们的回应很重要，而我们对这些回应是否公平的感觉也很重要。这些感觉有如此强大的力量，以至于它们主宰着我们绝大多数的对人际关系做出的决定。我们对那些可能伤害我们的人高度敏感，而且我们会采取一系列保护措施，和那些伤害了我们或可能这么做的人保持距离。

我们的目标是辨认感激和怨恨分别栖息于生活中的哪些领域，这样我们就能在它们的光照下把两者都看得更加清楚。通过对怨恨更深入的理解，我们能够识别自己隐藏了多年的感受和反应。我们永远不应该低估这种勇敢的行为所具有的能量。识别我们的怨恨，并识别它在我们生活中起的作用，是极有价值的自我认知。它使我们能够更好地善待自己和他人。

在这一章里，我们探讨了识别怨恨的重要性。只有识别了怨恨，我们才能让感激在生活中拥有更强大的力量。在接下来的第3、4章里，我们会进一步研究怨恨的属性。我们将讨论它的潜在原因，并探索感激在应对这些问题时可以发挥的作用。

怨恨的特征

- ❖ 大多隐藏于潜意识中。
- ❖ 有时我们很难识别自己的怨恨情绪。
- ❖ 只有先识别怨恨情绪,我们才可能采取积极的应对措施。
- ❖ 没有感激的地方,怨恨容易滋生。
- ❖ 很容易产生自己是受害者的感觉,于是责怪他人。
- ❖ 觉得遭受了不公平待遇,所以无法释怀。
- ❖ 源于震惊,而震惊导致怨恨情绪挥之不去。
- ❖ 可以吞噬一切,让人无法专注于其他事情。
- ❖ 使我们反复思考那件令人痛苦的事。
- ❖ 随着时间的推移,怨恨情绪始终停留。
- ❖ 使我们感到无力选择自己的状态。
- ❖ 可以进一步产生其他的怨恨。
- ❖ 抵消我们的感激,并否定我们对他人的美好记忆。
- ❖ 经常通过诽谤中伤、散播流言、冷嘲热讽或嘲笑奚落的方式表现出来。
- ❖ 由破碎的期望和被迫的自卑感导致。

第 3 章

破碎的期望

> 在最恼人的行为底下,藏着一个迫切需要同情的郁郁不得志的人。
>
> ——蕾切尔·卡森(Rachel Carson)

你现在可能对如何识别怨恨以及它会给你的日常生活带来什么影响有一个更清晰的想法。你也许会考虑你的某些人际关系是怎么变得如此困难和纠结的。要找到答案，关键往往在于先理解怨恨的原因。在这一章里，我们将探讨最常见的原因之一——破碎的期望——如何导致失望、背叛及不公平的感觉，而这些感觉全都可能引发怨恨情绪。在第4章里，我们将看看感激在应对由自卑感引起的怨恨时发挥的作用，而自卑感往往伴随着被贬低或被嘲笑的感觉。

当朋友令我们失望的时候

2016年，我有幸应邀和一群顶级运动员共同参与一个感激主题的一日工作坊。这些运动员不久前刚从里约奥运会和残奥会归来。我的朋友都认为这颇具讽刺意味，因为我可能是天底下最没有运动细胞的人了。我自己不运动，也不看体育比赛，而且我似乎对任何体育项目都没有兴趣。正因如此，我对工作坊的内容是否适用于体育领域感到相当焦虑。我努力寻找那些运动员和我的共同点，一些能让他们像我大学里的学生那样和我产生共鸣的东西。

工作坊一开始聚焦于感激所具有的美好且有益的特质，它们都在我的科研项目的参与者身上得到了验证。我们还研究了许多其他科学实验呈现出的感激的好处。但是，那些运动员始终显得兴致不高。直到我们开始讨论感激在哪些情况下可能比较困难且复杂的时候，大家的兴趣和活力才明显有所提升。我终于找到了他们和我的共同点。"当我心中充满怨恨的时候，我该如何心怀感激呢？"这个问题再次引起了房间里所有人的共鸣。

随着讨论的深入，我注意到其中一位运动员乔斯琳看起来有些不安。她似乎很难表达心里的话，不过她还是设法说出她有一个关于怨恨的典型例子，希望和大家分享。接着，她慢慢告诉了我们她的队友兼密友艾丽斯没有入选奥运会队伍之后发生的事。

她们已经一起训练了八年，目标始终没变：携手参加两人的第一届奥运会。当乔斯琳入选奥运会队伍而艾丽斯却被拒之门外的时候，艾丽斯遭到了毁灭性的打击。乔斯琳尽管为自己感到开心，但也对艾丽斯没有入选这一颇为意外的结果感到悲伤和些许内疚。这种情形是两人都没有预料到的。

艾丽斯深感失望和愤怒。她觉得自己经历了一次非常公开的失败，并因随之而来的自卑感而苦苦挣扎。这导致她开始散播一些关于乔斯琳的恶意流言。她在两人共同的几位朋友面前诽谤乔斯琳，还对其他的顶级运动员和教练说乔斯琳的坏话。当乔斯琳听说艾丽斯的嚼舌根行为时，感到无比震惊，觉得自己被密友背叛了。她原先对艾丽斯的一切感激之情现在都被怨恨所取代。无论她多么努力，就是无法绕开脑子里不停翻腾的消极想法。

乔斯琳接着分享了故事的下一部分，我相信我永远也不会忘记那一刻。她向我们所有在场的人承认，她把这些怨恨的情绪一路带进了奥运会的决赛赛场。

尽管乔斯琳所有的梦想都实现了——她不但有机会参加奥运会，还一路杀进决赛，不夸张地说，她祖国的人民都在为她加油——但在这个意义重大、最需要她全神贯注的关键时刻，她满脑子想的都是艾丽斯的背叛让她多么失望。她的怨恨情绪剥夺了这段重要经历原本应该带给她的喜悦，而她已经为这段经历辛苦准备了那么长时间。

乔斯琳最终在她的赛事中夺得银牌。这是一项了不起的成就，但她认为，如果她知道怎样摆脱怨恨对她的强大控制，她将大有机会赢得金牌。在我们的工作坊，她意识到如果当初她能识别自己的怨恨，学着去积极应对，她的结局也许会完全不同。现在，奥运会已经过去了几个月，乔斯琳依旧感到痛苦，因为她在一定程度上还是责怪艾丽斯，认为是她的背叛导致自己错失金牌。

乔斯琳接受过最先进的关于集中注意力和保持积极心态的策略的培训。她在生活中演练这些策略已经很多年，但到了真正关键的时刻，怨恨的强大力量还是使这些策略都失去了效力。

错过入选

在乔斯琳分享她的经历的过程中，房间里的其他运动员纷纷点头表示理解。他们说这种事情屡见不鲜，自己也经常遇到，特别是在代表队决定参赛名单的阶段。这些运动员绘声绘色地描述了自己因为没有及时处理怨恨情绪而和队友产生巨大矛盾，最后断绝关系的故事。他们还分享了自己在身体和心理层面受到了怎样的消极影响。他们的一些朋友甚至因此被摧毁，彻底离开了心爱的体育行业。

虽然大家都能对乔斯琳产生共情，认为艾丽斯的行为不妥当，但他们也能通过艾丽斯的角度看问题。不少人分享了自己当年经历巨大失望的故事。他们每天起早摸黑地辛苦训练，日复一日，年复一年，几乎从不停顿。在付出这么多努力后，最终还是错过入选队伍的机会，不能参加某项重大赛事。这真的令人心碎。而且短时间里，绝大多数的人很难从这种情绪里恢复过来，特别是当他们还年轻、心智没有那么成熟的时候。

也许你在生活中有过类似的经历：你多年来为了实现某个目标而灌注了全部心血，怎料事情没能按你希望的方向发展，最后你收获的只有深深的失望。在职场上错失晋升机会是一个经典的例子。如果你觉得你多年来付出的努力没有按你预期的方式得到承认，你会强烈地感到自己遭受了不公平待遇，并因此而苦苦挣扎。这种现象相当普遍。

作为家长，我们也有可能经历这种失望以及随之而来的怨恨。从怀孕阶段开始，我们就很自然地对孩子有所期待，为他们的将来安排各种重大的计划。我们可能做出很多牺牲，只为了确保他们可以发挥出最大的潜力。当他们没有实现我们对他们的期望，或者当事情没有像我们预期的那样发展，尤其是当他们走上一条在我们看来颇具毁灭性的道路时，我们很难不产生怨恨情绪。

期望之重

这些运动员讲的故事中的另外一点也引起了我的强烈共鸣。我们平时也许会把运动员看成很有竞争精神的人，他们总是目标明确、无人可挡。但说到底，他们的核心（我们所有人的核心）都是"人"这个概念。只要是人，我们就总是处在和别人的关系之中。

无论我们多么专注于个人的追求，孤立自己以实现目标，当我们所处的关系给我们带来无法释怀的痛苦时，这种痛苦会吞噬我们的存在，影响我们生活的方方面面。

几乎所有的关系（包括个人关系和职业关系）都建立在期望的基础上。在某些情况下，它们建立在我们自认为别人和我们共有的价值观或道德准则的基础上。大多时候，它们建立在我们认为人们该做或不该做什么，或者根据各种不成文的协议，人们应该或不应该以某种方式行事的基础上。比如，在当代澳大利亚文化中，我们预期家长对自己所有的孩子一视同仁，不偏爱谁。我们也预期雇主遵循正当程序，在提拔下属的过程中不偏向某位员工。和第2章中格温的例子一样，我们还预期自己的结婚对象与我们"生死相许"。

在一个理想的世界里，我们可以清晰地与人沟通我们的期望，并时常回顾这个话题，以获得进一步的明确和保证。我们也会定期检查，看看我们是否希望之前达成的协议发生变化。但是，我们大多没有学过沟通的艺术，因此在和对我们来说很重要的人讨论协议或期望的时候，难免感到别扭。我们该如何在不让对方觉得我们不信任他的前提下提起这个话题？我们又该如何以不小题大做或过于一本正经的方式做到这一点？

我们经常在不考虑对方的情况下单方面列出这些期望——留意到这一点很重要。我们只是基于双方联结的紧密程度，对双方拥有相同文化规范的默认，以及过去的经历，就指望对方同意我们的想法。也就是说，我们把自己期望发生的事投射到他们身上，并想象他们和我们的意见一致。在我看来，这是我们在人际关系中有如此多的冲突，以及太多的关系被怨恨污染的一个重要原因。

乔斯琳和艾丽斯的关系基于一连串的期望。作为最好的朋友，无论入选参赛队伍的结果如何，她们都期望彼此尊重。她们期望这种相互的尊重阻止其中一人诽谤另一人，或散播关于对方的流言。她们期望无论事态如何发展，两人之间的亲密感保持不变。她们还期望遇到任何情况，两人都能保持成熟，做好自我管理。

乔斯琳对自己处理问题的能力也有很高的期望，而这进一步导致了她的自我怨恨（我们将在第 6 章中详细讨论这个话题）。在参加工作坊之前，她没有和任何人谈论过她的痛苦。她对自己不能把怨恨情绪摆到一边，而是受到它如此严重的影响，感到深深的羞耻。她担心告诉教练自己的真实想法会被视为软弱，万一教练判定她无法发挥出最佳水平而取消她的资格就太不值了。此外，考虑到她所在的体育机构对培训运动员专注力所做的投入，乔斯琳觉得自己是个不折不扣的失败者，竟然无法克服怨恨情绪。

许多运动员都表示，发现自己终于找到合适的语言来讨论挥之不去的、始终让他们无法释怀的怨恨情绪后，他们大大地松了口气。发现自己并不是唯一有这样经历的人，也让他们获得了慰藉。

鉴于这些出人意料的发现，我应邀给顶级运动员的教练举办讲座，并和他们开展工作坊。经允许，我分享了乔斯琳和艾丽斯的故事。在后来的工作坊中，我经常收到的反馈是，许多教练也缺乏合适的语言来描述这种带有怨恨情绪的关系模式。他们回忆起当年自己是顶级运动员时因为没能入选参赛队伍而深受打击的经历。他们同样感受到了随之而来的羞耻，觉得自己仿佛遭受了公开的侮辱。对他们当中的很多人来说，从运动员到教练的转变其实充满了怨念，因为他们觉得某些事处理得不公平，才导致他们没有入选参赛队伍。

某些教练甚至承认他们的工作缺乏喜悦，因为他们始终无法释怀自己的怨恨。他们反映，通过这些感激主题的工作坊，他们现在逐渐意识到这种怨恨情绪如何使自己在和运动员的师徒关系中变得冷酷无情。由于他们的失望和随后的怨恨没有得到当年教练的及时处理，他们自然没有先例可以借鉴，也没有管理运动员的情绪、照顾他们身心健康的技能。他们只知道让自己的运动员"坚强起来"，以应对事与愿违时"必然"会出现的打击。

这家体育机构开始仔细考虑的一个重要问题是：应该在什么时候开始进行怨恨和感激主题的培训？

因为破碎的期望而产生的怨恨情绪无处不在。在每一所我做过相关主题展示的学校里，教育者们都有这样的共识：学生们普遍心存怨恨。

许多老师认为如今的学生权利意识过强，似乎认为自己得到的一切都是理所当然的。这是老师在解释学生缺乏投入的学习状态以及出现不敬行为的频率不断上升时通常给出的原因。但是我认为这只是浅层的理由，真正的原因是更深层次的：学生对老师或对自己的教育机构有很高的期望，而当这些期望没有得到满足时，他们感到失望和震惊。如果他们对自己的父母、其他家庭成员、同学感到失望，他们也会把由这种失望导致的怨恨带进教室。

在讨论学校问题的背景下，如果父母加入孩子的阵营，一起抱怨某位不胜任工作的或"刻薄的"老师，又或者一起吐槽无能的学校，怨恨情绪难免会加剧。父母因为破碎的期望而产生的怨恨进一步给孩子的怨恨添加燃料，反之亦然。

就我的经验而言，许多学生不知道该怎样管理由破碎的期望引起的怨恨，而这给他们的学习带来了深刻的消极影响。正如我在引言中提到的那样——这一点值得重复——学生们没有接受过如何克服怨恨情绪的教育，而这削弱了他们在当下全身心投入学习的能力。

采取更明智的视角

我们在第 2 章中讨论过，怨恨是一种和我们的正义感紧密相连的情绪。我们的期望通常深深地扎根于我们的价值观——我们认为世界应该如何运转，人际关系应该如何运作，人们应该如何按规矩行事，等等。所以，当我们的期望没有得到满足时，我们的道德框架，或者说我们内心深处的某样东西就破碎了。可能因为事情没有往我们认为的合理方向发展，我们感到震惊，并因此完全迷失方向。我们不断在脑子里处理这件事，试图把一切都搞清楚，以便驱逐不公平的部分，让事态有所好转。但这通常只会让情况更加糟糕，导致我们把自己的痛苦投射到在我们看来伤害了我们的那个人身上。

乔斯琳说自从她听到艾丽斯散播的那些流言之后，她再也没有联系过艾丽斯。她在进入奥运会决赛以及夺得银牌后也没有收到艾丽斯发来的祝贺信息。到了这个阶段,乔斯琳已经无法想象今后两人能重新成为朋友的情形。

当我们心怀怨恨的时候,我们往往会轻易地把那些打破我们期望的人发配到"不是朋友""不值得信任"的圈子,也就是外部集团里。我们在那些我们相信永远不会让我们失望的人际关系里寻求庇护。我们可能满足于一些不会挑战我们或帮助我们成长的关系,因为这样一来至少自己不那么容易受到伤害。我们还可能勉强接受和朋友、同事甚至伴侣的平庸关系,以确保我们感到安全。

有些人通过宣布他们再也不抱任何期望来应对怨恨情绪。一旦不抱期望,自然就没有人受伤,也没有人感到失望。这经常被标榜为智慧的体现。你十有八九听过这样的话,"如果你不对任何人抱任何期望,你就永远不会失望",或者"当期望结束时,内心的平静就开始了"。

还有些人说如果我们降低期望,相对比较容易心怀感激，因为当别人的表现超过我们的预期时，我们会感到惊喜。另一个论点是由于我们期望很低的时候不太容易失望，我们感到怨恨情绪的概率也会降低。正如著名作家艾萨克·阿西莫夫（Isaac Asimov）所言："不对正义抱期望的人也就不必受到失望的折磨。"

也许在面对我们无法控制的生活事件时，这可以成为金玉良言，但我相信在处理人际关系的领域，我们可以寻找更深的智慧。从某种程度上来说，放弃或降低我们的期望可能会给我们带来内心的平静，但另一方面，这也可能导致我们的麻木、无动于衷，并减少我们和他人建立健康的、充满滋养的联结的机会。如果没有高期望，我们很可能会迷失方向。我们的期望帮助我们定义自己的本质，并帮助我们做出关于世间的是非黑白的种种决定。

我们能换个更明智一些的视角吗？问题并不一定在于期望本身，而在于我们如何应对期望，尤其是当它们没有被明确表达出来，特别死板，或者我们缺乏相关的技能或信心去和别人讨论这些期望并达成共识的时候。一个更明智的方法是抱有高期望，同时不看重结果。比如，在关于我们如何被他人对待的问题上，我们保持一贯的高标准，但我们并不指望事情完全按照我们预期的那样发展。这需要我们表现得相当成熟。但是，我们越多地通过放弃对特定结果的执念来练习接受，我们的怨恨情绪就会越少。

感激有助于实现这个接受的过程，而接受也正是感激的支柱之一。感激给我们指明方向，让我们在困境中学习，因此把失望视为成长和改变的机会。它帮助我们记起事情好的一面，这样我们就能够聚焦于我们拥有的，而不是我们没有的东西——或者说，别人或生活给我们带来的失望。感激的状态还能提供我们所需的韧性或愉悦心态，使我们有能力接受失望。

选择通过培养感激之情来解开我们的怨恨心结并不意味着如果我们的期望没有得到满足，我们就这样接受现状。它只意味着我们更清楚地意识到自己在对方身上看重的是什么，以及我们能够记起自己从这段关系里收获的一切。即使对方令我们失望，我们因此把他抛到一边的可能性也不高，因为感激会提醒我们这段关系曾经有过的种种美好，给我们提供一个不同的看问题的角度。

走向同情

当我们对关系的重视程度不亚于我们对自己的目标或实现自己的追求的重视程度时，这样的智慧相对比较容易获得。这种情况还不错——前提是我们没有受到压力的困扰，没有过度工作，或者不那么缺乏空闲时间。即使我们重视关系，为了能在竞争激烈的、业绩导向的世界里存活，我们也会把关系摆到第二位。问题在于，把任务放在比人更高的位置上会导致哲学家马丁·布贝尔（Martin Buber）所描述的"我－它"型关系，在这样的关系里我们把人当成实现目的的手段。这和"我－你"型关系形成鲜明对比。在"我－你"型关系里，我们把与人产生联结视为目的，因为人很重要，包含这些人的关系也很重要。[1]

培养我们对他人的同情心，有意识地与他人保持"我－你"型关系，是逐渐解开我们内心纠结的线团的一种方法。只有我们首先把对方视为人,尊重他们,接受他们所有的弱点和脆弱,我们才能在自己的期望没有得到满足时承受失望。我们可以回想一下我在这一章开头引用过的蕾切尔·卡森的睿智名言:"在最恼人的行为底下,藏着一个迫切需要同情的郁郁不得志的人。"[2] 如果我们能设身处地替对方着想,努力从他们的视角去理解整件事,我们就能获得见解,减少由破碎的期望带来的痛苦。

乔斯琳起初觉得对自己和艾丽斯在奥运会之前的那段友谊心存感激是不可能做到的事,这种反应完全可以理解。但是在参加了我们的工作坊之后,她至少能够告诉教练弗拉德,她意识到自己对艾丽斯的怨恨情绪没有得到恰当的处理。因为弗拉德同时也是艾丽斯的教练,他能够清楚地解释没有入选参赛队伍对艾丽斯来说是多么痛苦的经历。弗拉德提醒乔斯琳,艾丽斯是个完美主义者,所以没能入选对她来说就是公开的羞辱,而她始终没能从这个羞辱中恢复过来。他说从理论上来看,也许艾丽斯入选参赛队伍的把握比乔斯琳更大,因为艾丽斯在某些选拔赛中获得了更多场次的胜利。由于乔斯琳彻底被怨恨情绪吞噬，她已经忘了两人之间的差距有多小，而最后她入选、艾丽斯没有入选，她其实是非常幸运的。可惜乔斯琳满脑子想的都是艾丽斯如何背叛了她们的友谊，所以她没法设身处地为艾丽斯着想。

弗拉德当年也曾因为没有入选参赛队伍而错过一场重大的国际赛事。他向乔斯琳描述了自己的怨恨情绪，令她深受感动。乔斯琳和弗拉德十分亲近，因为她在他的指导下训练了十多年。但是，她从来不知道原来弗拉德也为怨恨而苦苦挣扎过。尽管乔斯琳从工作坊上大家分享的那些故事里获得了一些慰藉，但直到弗拉德讨论起自己当年源于怨恨的失调行为——包括诽谤自己的竞争伙伴和愤然离开重要的团队会议——乔斯琳才终于明白，这种行为很普遍，甚至在她崇拜的人当中也屡见不鲜。

通过这些经历，乔斯琳终于能够摆脱怨恨的掌控，对艾丽斯抱有更多的同情心。她也终于能够看清，怨恨使她没有意识到艾丽斯不以那样的方式做出回应有多么困难。乔斯琳渐渐明白，她对两人的友谊也许有着不切实际的期望,因为她们甚至从来没有对这些期望进行过沟通,也自然没有达成过共识。

弗拉德也大方承认了自己的不足:如果他能在参赛队伍选拔期间促进艾丽斯和乔斯琳就彼此的期望进行更好的沟通,她们对彼此的敌意肯定可以大大减少。他从乔斯琳关于怨恨情绪的勇敢分享中学到了很多东西。这帮助他对自己的怨恨情绪有了更清晰的认识,而他也因此成为一名更优秀的教练。

乔斯琳可以选择不信任任何人,更可以选择再也不信任艾丽斯。但是,通过践行感激,她识别了自己的怨恨,拥有了更多的同情心,并真正通过艾丽斯的角度去看问题。这使得乔斯琳能够主动联系艾丽斯,就自己在双方冲突中发挥的消极作用向她道歉。

乔斯琳增多的同情心虽然没有纠正艾丽斯的行为,也没有意味着乔斯琳原先的反应有问题,但不可否认的是,它让乔斯琳有勇气和艾丽斯开诚布公地交流,而对乔斯琳来说,说出自己当时有多难受,艾丽斯的行为给她带来了多大的消极影响，是非常重要的。她需要在对艾丽斯抱有更多的同情心和坚持真理之间找到一种健康的平衡。要解决冲突，双方都需要坚定立场，向彼此学习。乔斯琳新发现的同情心给这段对话提供了一个更具调停性质的切入点，让她至少愿意倾听艾丽斯对整件事的解释。

随着时间的推移，乔斯琳发现，当事情不符合自己的期望时，伤害别人并不是艾丽斯的自然反应。她终于能够放下自己的怨恨，把两人之间发生的不愉快放逐到一个特定的历史时间点，而现在两人已经互相理解，既往不咎。

通过感激发展我们的同理心

怨恨使我们无法具有同理心，无法从他人的角度看问题，或者无法设身处地替他人着想。怨恨可以达到吞噬一切的程度，以至于我们陷入二元对立的思维：我们是正确的，他们是错误的；我们是好的，他们是坏的。然后一切的重点都在于我们的痛苦，没有考虑对方的余地。如果我们因为对方的不公平行为或他们给我们带来的伤害而耿耿于怀，我们就不可能对他们产生丝毫的同理心。

这在一味追求某个目标的场景里特别普遍。西蒙·巴伦－科恩（Simon Baron-Cohen）是全球顶尖的研究共情的思想家之一。他通过布贝尔先前的研究来解释这一现象：具有"零度同理心"的人总是把人看成物体，所以他们的眼中"没有你（这个人）"。尽管我们可能认为这种完全没有同理心的状态是反社会的人或精神病态的人才具有的标志性特征，巴伦－科恩提醒我们实际情况并非如此："当任何一个人只专注于追求自己的利益时，他都有可能变得不具备共情能力。"[3]

他接着说道："有趣的是，一味追求个人目标并不意味着这些目标本身是不好的东西，事实上我们完全有可能一味追求积极的目标，比如帮助他人。但即使我们的追求是积极的、值得尊敬的、有价值的，如果我们只专注于此，那么从定义上来看，我们就不可能具有共情能力。"[4] 考虑到我自己的教育背景，这些话好似醍醐灌顶，让我明白了发生在许多学者身上的事。依我个人浅见，这也是许多大学团体在怨恨的重压下苦苦挣扎的原因。做研究是学者职业生涯的重要部分，而我们对研究的过度痴迷可能导致我们把人际关系推到一边，基本不给感激留出呼吸、成长的空间——因为人际关系被我们视为和研究工作毫不相关。

我们自我中心的特质会进一步被怨恨激化。之前已经提过，怨恨的一个特点是它往往使我们把注意力转向内部，变成自我导向的人。我们从别人给我们带来的失望中感受到的痛苦可能会吞噬一切。但是，如果我们能找到一种方法更频繁地、真心实意地践行感激，我们就会见到完全相反的结果。感激帮助我们走出自我中心的状态，进入和他人产生联结的状态。它帮助我们建立起比手头的任务更重要的人际关系。它还提醒我们留意自己从对方那里收获的一切，因而和他们产生更紧密的联结。

由此可见，感激可以创造让共情能力得以发展的条件。通过接受仔细审视我们从他人那里收获了什么的邀请，我们可以变得更加具有回馈精神⊖。换言之，感激能够把我们的注意力从内部转向外部。

走向感激说到底是一种号召行为，鼓励我们把建立人际关系视为终极目标，而不要把建立关系视为达到某个目的的手段。当我们践行感激时，我们和他人的关联，对他人的感恩，与他人之间的相互依赖，都会增长——我们发现大家都存在着某种联结。这并不意味着我们不会感到愤怒、受伤或沮丧。但是如果我们以感激为中心，这些情绪演变成怨恨的概率就会降低，我们处在消极状态、充满"怨念"或耿耿于怀的概率也会降低。

感激的给予与接受循环

我们大多数人的关注焦点是别人从我们这里夺走了什么，而不是我们从别人那里收获了什么。对感激

⊖ 作者此处巧妙地玩了一把文字游戏。英语原文是 for-giving，即"支持回馈"，而 forgiving 恰好有"原谅、宽恕"之意，所以潜台词是：当我们践行感激时，我们也更容易原谅他人的过错。——译者注

各个不同维度的深入理解可以促进我们实现关注焦点的转变。简单说来，感激由四个元素组成——给予者、接受者、礼物，以及"给予者和接受者对待彼此的态度"[5]。通过有意识地、刻意地寻找我们从别人，甚至是那些伤害我们的人那里收获的礼物，感激便会从我们带入某个情境的态度中流溢出来。

这些元素也使感激有别于其他经常和感激捆绑在一起的行为，比如表扬、积极反馈、善意、有礼貌、鼓掌、正面肯定等。它们也许是表达感激的方式，但如果我们不是因为知道自己从别人那里有所收获，想反过来给予对方一些东西而采取行动，它们和感激行为就不是一回事。

我的研究显示，许多人对他人表达感激的能力远甚于自己接受他人感激的能力。处在接受感激的一方可能让我们觉得别扭——如果我们在鲜有感激表达的环境里成长起来，这一点尤其明显。我们可能认为自己不是那种情感外露的人。我们还可能觉得接受感激暗示着我们也要反过来向对方表示感谢，或者像对方那样用溢于言表的方式进行交流，不免抗拒，于是刻意回避。

当我们感到怨恨的时候，不可能接受来自他人的感激。事实上，我们很可能主动排斥感激。这会在对方心里种下怨恨的种子。如果他们想把表达感激作为一种打破僵局或与我们产生联结的方式，我们相当于剥夺了他们的愿望，怨恨的种子就更容易萌芽了。

同样地，如果我们感激的对象拒绝我们，或者给出怀疑、尴尬甚至被冒犯的反应，我们也很容易感到别扭或失望。比如，和我聊过的那些顶级运动员纷纷表示，对教练表达感激的最大挑战之一在于，他们不知道教练会有什么样的反应。教练会不会认为运动员在巴结他们，以提升自己入选参赛队伍的机会？又或者，教练只是在做分内的工作，向他们表达感激属于多此一举？有些运动员说，教练甚至嘲笑或藐视他们的感激行为，他们因此不再感谢教练。这在运动员心里种下了怨恨的种子，因为他们没法真实自然地表达自我。这也在教练心里留下了疙瘩，因为热情洋溢的感激令他们感到别扭和尴尬。

我最近的一段经历凸显了接受者在整个给予和接受的关系模式中的重要性。在被带状疱疹痛苦地折磨了几个月之后，我的免疫系统变得非常虚弱，以至于我患上了蜂窝组织炎。剧烈的疼痛和恶心使我彻夜无法入睡，于是我被送进了一家本地医院的急诊室。一位护士特地过来问我是不是还撑得住，说她想给我沏杯茶。这是最令我感动的一刻。她的善意，她充满关爱的声音和态度，让我的眼泪夺眶而出。当时，我已经对医院的工作人员做了几个小时的观察。大多数的人都显得十分疲惫，包括这位护士。

离开医院之际，我特别想对这位护士表示感谢。我往外走的时候瞥见了她，而她也认出了我。她当时正忙着照顾病人，于是我问前台的工作人员，我是否可以和她说声谢谢，又或者我的感谢是否可以稍后转达给她。但是很不幸，我被告知"我们这里不搞这一套——你说的那些都是我们的分内事，无须特别感谢"。在那一刻我不禁好奇，那里的工作人员错过了多少病人的真诚感激能够带来的滋养。要是整个体制和工作人员自己都对感激的理念持开放态度该多好。作为病人，我感到热情受阻，无处安放内心巨大的感激之情。

这样一来感激的给予与接受循环就无法完成,除非我在将来的某一时刻把这种善意传递下去,给另一个有需要的人沏杯茶。但在这个例子里,感觉还是不一样,因为给予与接受的齿轮根本无法转动起来。此外,与我们的人际关系相关的背景,包括我们身处的体制和文化,都在决定感激的四元素是否能顺利运转起来这件事上起很重要的作用。就像之前那个体育机构的例子,如果他们想培养一种能够让感激生发,让怨恨无法滋生的文化,对所有人进行教育,改善他们给予和接受感激的能力,就非常重要。观察一个善于接受感激的人,并向这个人学习,是最理想的起点。

这对通过感激来增加我们的共情能力和同情心也极为重要。我们越善于接受感激,我们就越能够感受到自己和他人之间的深刻联结,从而更全面地理解他们,并帮助他们体会到我们对他们的重视。我们会适时停下脚步,留意他们在珍惜这段关系方面做的努力。还是那句话,在具有怨恨情绪的人际关系中,这一点尤为重要。

***

在这一章里，我们探讨了感激被因为破碎的期望而产生的怨恨所毁灭的种种方式。我们也看到了感激在帮助我们把人际关系的重要性摆在手头的任务或一味追求某个目标的重要性之上，以及帮助我们设身处地替他人着想，从而更好地理解对方做出某些选择的原因等方面发挥的重要作用。当我们试图厘清某些困难的关系时，不妨先判断我们的怨恨是否由破碎的期望引起，并通过增强我们的同情心和共情能力，让自己在给予和接受感激两方面都做得更好的情况下践行感激。

在下一章里，我们会进一步深挖感激如何帮助我们识别自己的怨恨情绪。我们将聚焦埋藏在怨恨表象之下的另一个重要原因：被迫感到自卑。

自卑感

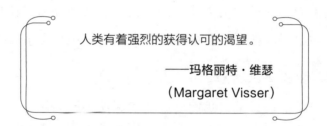

人类有着强烈的获得认可的渴望。

——玛格丽特·维瑟
(Margaret Visser)

被退休

玛德琳在一家大型通信机构里从事人力资源工作，她辉煌的职业生涯已经临近尾声。过去十年，她是该机构创新实践业务的主管，统领所有分部。她有丰富的工作经验和大师级别的资历，并在全国许多地方做过最先进的通信战略的演示。她凭借自己的技术和能力获得了同行理所当然的尊敬，在国内享有盛誉。她还屡获奖项，多次发表主题演讲，建立了人力资源培训模块，并受邀加入数个董事会。

由于在漫长的职业生涯中一直有幸和具有高度合作精神的团队共事，玛德琳在遇到最近这批由公司新任总经理亲自挑选的团队领导的一些疏远行为时，感到颇为困惑。她具体说不上来哪里有问题，也没人明确对她说过什么，但一些事让她觉得某些领导和总经理都对她颇为鄙视。随着时间的流逝，这种情况变得越来越糟。

就在这一切开始发生之前，玛德琳在海外一家颇具声望的培训学校完成了一个为时两周的关于新型辅导的课程，刚刚回国。这门课程扩充了她已经非常丰富的专业知识，所以她很自然地认为回去上班后，自己学到的新技能会派上用场——她将带领公司上上下下推出这个新的辅导项目。但是，她的主管的位置给了另外一位经验和知识都比玛德琳少得多的团队领导，而且讽刺的是，这个项目的大部分基础是玛德琳搭建的。在讨论项目的每周例会上，没有人向玛德琳请教，也没有人让她分享在海外课程里学到的任何策略。她觉得自己被边缘化了，成了隐形人，于是开始发展出一种以前从来没有体验过的自卑感。

这让玛德琳变得有些多疑。毕竟，没有人直接告诉她为什么她受到了和过去不同的待遇。她注意到团队里的其他成员收到了某些信息，但她没有。大家在会议上讨论某些事宜，但她没有资格参加这些会议。突然间，她曾经认为和自己关系很亲密的同事似乎都在回避她，不再邀请她共进午餐。她很好奇自己犯了什么错。她不停分析过去几个月发生的事情，试图搞清楚自己是否说了或做了什么，冒犯到总经理或其他同事。

玛德琳终于慢慢找到了答案：原来她已经到了快退休的年龄，而新任总经理试图在她还没打算离开的时候就把她排挤出公司。看起来其他的团队领导都是新体制的一部分，认为自己代表着公司的新面貌。玛德琳被迫感到公司已经不需要也不想要她了，留下来绝对会妨碍公司的发展。意识到这一点所带来的震惊，加上她遭受的羞辱性的对待，使玛德琳充满了怨恨情绪。她无法继续清晰地思考，而这又让她越发觉得自己能力不足。

最终，玛德琳失去了她在职场的价值感和有用性。她持续感到焦虑，肠道绷得很紧。她害怕去上班，而且睡眠不足，晚上总是辗转反侧，一遍遍回想这不公平的一切。更糟的是，她还责怪自己不够坚强，没能做到不受耻辱感的影响。她对这件事打击她的程度之深感到震惊。玛德琳经历过各种逆境，从来没被打倒，但出于某些原因，这次的情形比以往的任何挫折都更让她方寸大乱。

被迫感到自卑

沃伦·腾霍滕说过："当某人被摆到低人一等的位置，遭受到冤枉的、不公平的、侮辱性的或有害的伤人待遇时，怨恨就油然而生。"[1]

玛德琳的自卑感是由如今在职场上非常普遍的情况引起的。事实上，据世界卫生组织 2021 年的一份关于年龄歧视的报告显示，在全球范围内，每 2 个人里就有 1 人存在年龄歧视的行为。这份报告还指出，年龄歧视降低了年长人士的生活质量，增加了他们的社会隔离和寂寞感，并导致该群体相对更糟的身体和心理健康状况。[2]

年龄歧视在职场里上演的情况很可能让我们觉得自己被排挤，被排除在各种同人友谊之外，或是被刻意隐瞒重要的事情。如果我们的贡献不再被视为必要的，为了新项目、新任务或创新活动的顺利进行，我们会被搁置一边。大家通常认为新的行事方法是新生力量，或者说年轻人的领地，所以对那些没有受邀一起前行的"老古董"施善或共情是一种奢侈，谁也没这个闲工夫。那些负责公司重组或新项目的主管通常过于关注手头的任务或公司的业绩，他们根本没有留意到自己的行为让某些员工有被削弱和幻灭的感觉。员工对公司的信任减少，猜疑增多，怨恨逐步恶化。

我们对他人最自然的期待之一是他们会公平、公正地对待我们。正如我们在玛德琳的例子里看到的那样，意识到我们没有被视为和对方平等的人，或者说被视为低人一等的人，让我们头晕目眩、迷失方向。它会摧毁我们对自我价值的判断，让我们感到极度震惊。我们需要一遍遍回想整个情形，试图找回自我感和自我价值感，以保持自己的理智。随着我们不断对任何愿意听我们唠叨的人描述这一切的不公平之处，怨恨变成了我们夺回权力、重申尊严的方法。或者，用政治学者迈克尔·尤尔（Michael Ure）的话说："怨恨的动机是……恢复受损的荣誉或认可，也就是尊敬。"[3]

因为这种被迫的自卑感而产生怨恨情绪的其他常见情形包括：我们成为别人的笑柄——或者更糟的是，成为他们的偏见对象；某位兄弟姐妹受到父母的偏爱；伴侣背叛了自己，爱上别人；以及，像我们在上一章里看到的例子那样，别人入选了参赛队伍，我们则被排除在外。由于这样的事通常以很公开的方式呈现在大家面前，随之而来的羞耻感进一步放大，似乎无法逃脱。

当我们面对比自己强大的人的时候，也很容易感到自卑。他们可能并没有打算利用自己的强大来刺激我们，但他们还是会轻而易举地引起冒犯。随口说句话或没有给予我们肯定，都会给我们造成伤害。这进一步增加了我们的自卑感。

我们有时可以从孩子心存怨恨的例子里看到这种情况。对家长来说，有意识地处理家长和孩子的关系中天然存在的权力不平衡，往往是很困难的。仅仅因为拥有家长的身份，我们就觉得自己有权管教孩子能做和不能做什么。有时，愤怒的反应是孩子能找到的让自己少一些自卑、多一些强大、掌控局面的唯一方法。他们需要获得权力感或自我价值感，而当这些需求无法被满足时，他们就会产生怨恨情绪。我们并非刻意夺走这些东西，但他们经常会有这样的感觉。

在他们的世界里，也许很多其他事情也导致他们感到自卑——被同伴霸凌，对自己的身体形象感到不适，在学业方面遭受挫败，等等。这些情形会使他们产生一种整体的失控感，觉得自己在这个世界上的稳定地位不复存在。

感激

所以,玛德琳能做些什么来处理她的怨恨情绪呢?事实上,尽管她在那家机构里遭受了羞辱,她的工作还是包含了些许的救赎成分。她继续负责一个地区性的促进者项目,每两周和那些促进者进行一次面对面的交流。这个项目提醒了她:她依旧可以提供有价值的东西。她觉得自己获得了尊敬和认可。很多促进者都感谢她为项目做出的贡献,或者对她的见解表示感激。

然而,团队领导和总经理完全不清楚这个项目对地区分支机构的员工起的积极作用,以及玛德琳在整个过程中发挥的重要作用。玛德琳刻意保守秘密,因为她觉得这样能保护自己的尊严和自尊,谁也没法把这些东西夺走。

当她抵达每两周一次安排在下午的会议时,通常有一位促进者已经为她烘焙好了蛋糕,而其他人也都十分体贴,给她沏茶,并谢谢她大老远赶过来和他们面谈。玛德琳沉浸在这种温柔的感激之情里。她感受到了支持、成功和欢迎。他们把其他的工作搁置一边，聚到一起和玛德琳共度时光，并且在和她交流想法时流露出欣喜之情。这让玛德琳深受感动。

这个团队对玛德琳和她所提供的价值的认可，以及这个项目的成功，让玛德琳得以保持理智。她在这群人当中感受到的安全和信任与她在自己的办公室遭受的评判和鄙视形成了鲜明且痛苦的对比。没错，如今在工作场所获得心理安全成了越来越困难的事，这无疑恶化了容易滋生怨恨情绪的工作条件。

如果没有这个项目提供暂时的解救，玛德琳的自卑感将会严重得多。她从这个团队收获的认可和感激给了她足够的韧性和自我意识，使她能够更客观地看待发生在自己身上的事情。这段经历给她提供了一种不同的选择，让她看清自己该如何做出回应。

这群促进者给玛德琳提供的东西——尽管他们自己并不清楚这一点——相当于法语里的"感激"一词：*reconnaissance*。这个单词源自古法语的 *reconoistre*，也就是"承认、认可"的意思。当我们通过承认一个人的价值或优秀来表达感激之情时，我们就在践行*感激*㊀（*reconnaissance*）。玛格丽特·维瑟通过她的著作《感谢的馈赠：感激的根源和仪式》（*The Gift of Thanks: The Roots and Rituals of Gratitude*）向我们介绍了这个概念。据她观察，在所有文化里，"人类有着强烈的获得认可的渴望。"[4]

维瑟把这种对认可的需求视为"人类在身份、关系、归属感等问题上的最根本的挣扎"[5]。如果这一需求没有得到满足，我们就无法茁壮成长，我们的自我价值感也会真真切切地受到威胁。正因为它是人类的一种根本需求，当我们在得不到它的时候感到震惊、迷失方向，也就不足为奇了。

玛德琳显然通过这群促进者体验到了*感激*。他们并不需要付出很高的成本——不用花很多时间或金钱，也不用参加一个昂贵的项目。只是通过友善的问候，以及对她本人和她的贡献的认可，他们就帮她重新获

㊀ 这里作者使用了 reconnaissance 一词，为表区分，后文中用斜体来表示。——译者注

得了她的另一群同事从她身上夺走的东西，包括自我认同、人际关系和归属感。这让玛德琳感受到了比通常情况下更为强大的力量，因为他们是在她由于缺失*感激*而深受打击的时候给她提供这样东西的。

玛格丽特·维瑟向我们指出，*感激很重要的一方面在于我们不能给予自己这种认可，它需要来自他人*。无论玛德琳如何试着通过她的经历或过往的成就来获得价值感，她都不可能给予自己这种*感激*的体验。这也是为什么我们对他人表达*感激*至关重要的原因之一。

这又提出了一个问题：如果收获*感激*是一种根本的人类需求，那提供这样东西是否也是一种根本的人类需求？如果我们不满足这种认可他人、告诉对方我们很看重他们、对他们表示*感激*的需求，是不是我们都会一败涂地？我认为是的。就日常的小怨恨而言，我们可以在恋爱关系中明显地看到这一点。比如，也许我们认为自己和伴侣的关系是理所当然的，不用特别珍惜。当他们回家时，我们甚至不和他们打招呼，因为我们在考虑自己的烦心事。久而久之，不仅这段关系会因为*感激*的缺失而受损，我们个人也会感到痛苦。

换句话说，当我们意识到别人给予了我们什么的时候，如果我们不采取任何行动，就可能在我们的内心激起一种不完整感。它会以后悔、默默内疚、自责或某样东西不完整的感觉等各种形式在我们的心里驻留。当我们非常忙碌或全神贯注地应对某件事情时，我们很容易忽视这些感受，但这很可能需要付出一些代价。

当我们对此进行反思时，过去错失的一些给他人提供*感激*的机会可能会令我们感到些许不安。我们唯一能做的就是从今以后用不同的方式对待他人。举个例子，也许你可以想想，在你周围的人里面，谁没有茁壮成长？谁没有很强的归属感？你该如何诚挚地表达你的*感激*之情，让他们知道你看重他们？

那么霸凌者呢

读着这些内容，你也许会想到让你觉得不可能考虑提供感激的对象。说到这一点，恐怕没有比霸凌者更切中要害的例子了。当我们被霸凌时，说我们感到自卑已经过于轻描淡写。霸凌行为的全部目的就是要让被霸凌者感到自卑。但是，每个霸凌者的背后都有另一个霸凌者，而那个霸凌者的背后又通常可以挖出各种贬低、虐待和创伤的故事。比如，2016年英国的一项关于霸凌行为的研究有8850名参与者。据该研究显示，霸凌他人的人，自己在过去的5年里有较大概率经历过应激或创伤性事件[6]。该研究还显示，被霸凌的人之后去霸凌他人的概率是普通人的2倍。正是由于他们的自卑感、不公平待遇和破碎的期望，霸凌者认为自己对这个世界心存怨恨是合情合理的。他们几乎从来意识不到自己的这种怨恨情绪。霸凌行为是他们获得优越感，好让自己感到强大，并证实自我价值的一种方式。

当然，如果我们自己遭到霸凌，从*感激*的角度来考虑这种情形似乎完全违反直觉，甚至可以说几乎没有可能。但是，如果你认识某个霸凌他人的人，不妨试着通过这个镜头去看他。

如果一个霸凌者最渴望得到的东西是肯定,以确认自己是个有价值的人,而我们又能够想到他曾经做过的一件值得我们感谢的事情,那当然是理想的情形。对他表示*感激*可以帮助他减少自卑感,也许还能让霸凌行为肉眼可见地减少。

面对复杂的问题,有时我们会寻找复杂的答案。霸凌行为的例子肯定符合这一点。市面上已经有大量的政策文件和资源,就如何用最好的方式应对霸凌行为进行指导。我想在这里提的问题是,我们是否忽略了一个更简单、更根本的方法?也许我们可以通过对霸凌者提供*感激*,也就是认可他作为一个人的内在价值,来处理他的自卑感的问题。

更广泛地拓展开,我们也可以尝试建立让*感激*蔚然成风的职场和校园文化,这样怨恨生根的概率就会随之降低。我们将使共情、有同情心、*感激*和尊敬成为常态,不放过任何可能威胁这种局面的情形。我们会让那些被怨恨驱动的人更容易感受到收获与怨恨相反的情绪是什么样的体验。

有意义地感谢

玛德琳被促进者对她提供的*感激*打动，是因为他们的表达方式对她来说很有意义：他们不但准备了蛋糕、茶、感谢致辞，还特地肯定了她大老远开车过来的辛苦。其他的方式如果没有如此高度地契合玛德琳的需求，就不会达到同样的效果。正如我在引言里讨论的那样，我刻意选择用书信的方式对母亲表达感激。这是因为我童年时期最早的一些记忆来自母亲全身心地给亲朋好友写信的情景。那时我们刚搬去另外一个州，书信成了母亲的一大精神寄托。我也清楚记得当邮递员尖锐的哨子声传来时，母亲兴高采烈地冲向邮箱去收取信件的画面。我知道书信会打动她，所以我有意识地选择了这种交流方式，以触及她的心灵。

一份礼物如果是送礼人精心挑选的，有明确的意图，对收礼者来说又很有意义，那它就会更明确地被视为感激的表达。深切感激是一种具有高度的关系属性的行为。为了向某人诚挚地表达感激，我们需要先和这个人建立起关系或联结。哪怕只是考虑我们如何能用更有意义的方式来表达感激都会让我们在思想层面和对方走得更近。正如玛格丽特·维瑟所说:"感激让接受人超越礼物,留意礼物的给予人。可以说它'打开'了接受人的心灵,把重点放在给予人这个人身上。"[7]

为了确保用有意义的方式表达感激,我们最好先记住一点:我们偏好的表达感激的方式,很可能和对方偏好的接受感激的方式大相径庭。如果对方来自和我们不同的文化背景,这种意识就更为重要。性别和年龄的差异也是关键因素。因此,想要有意义地表达感激,选择跟对方的背景、兴趣和价值观匹配的方式相当重要。

此外,如果我们不先试着了解对方,就有可能在不经意间埋下怨恨的种子。我们表达感激的具体行为也许会被视为不尊重或不在意的标志。公司的总监可能在年底的时候收到几瓶白葡萄酒——这是对他一年来优秀表现的象征性的感谢,但他会觉得受到侮辱,因为他对葡萄酒过敏,或者根本就不喝酒。某位员工收到了一盒巧克力——这是对她业绩的肯定,但她觉得受到了伤害,因为她患有糖尿病。

时机和具体情境也会影响一个人接受感激表达的方

式。承认这一点很重要，在逆境中尤其如此。如果某人正在经历一段非常困难的时期，我们不一定能指望他按我们期待的方式来接受感激。我们也许需要深挖，看看在此时此刻可以用什么合适的方式来为他提供感激。

我重复一遍，共情和感激之间的相互关系在这里起重要作用。为了好好表达感激，我们需要设身处地替对方着想，看她最渴望的是什么。乍一看，这可能不是我们想送给对方的东西。比如，她可能需要我们去接孩子，或者给孩子做一顿饭，又或者做任何其他必要的事情，以确保她有一些独处的时间。将这种敏感付诸实际（有心地选择对接受人来说既有意义又合适的时间、地点及礼物）已经是一种表达感激的行为。

专注地倾听

当我们被迫感受到玛德琳经历过的那种自卑时，可能会彻底震惊。他们竟敢这样对我？他们意识不到这有多么不公平吗？他们还不清楚我是谁，能对机构做出多大贡献，并且已经奉献了多少吗？还是那句话，这种震惊让怨恨变成我们日常的存在方式，使我们陷在消极情绪里，难以前行。

我们可以采取措施来逐步消化这种震惊，比如和一个自己信赖的朋友讨论整件事的来龙去脉。和哪位朋友展开这样的对话，以及谈论自己的怨恨情绪的目的，都是需要深思熟虑的问题。我们做这些决定的时候越走心，我们在分享、消化自己的痛苦的过程中也就可以越客观。通过确保我们的讨论不会变成诽谤中伤的环节来坚守我们的诚信底线，是很重要的。

在这方面，对玛德琳来说，第二个小小的救赎成分来自一位她信赖的同事。莉亚一直在辅助促进者项目的工作，但她平时在另一个州的分部上班。她有时和玛德琳一起出差，参加那些需要面谈的会议。玛德琳非常谨慎，不随便与人分享痛苦，但她把自己的遭遇告诉了莉亚，因为她觉得莉亚值得信赖。莉亚没有试图给出建议，或帮着解决问题。她只是全神贯注地倾听，让玛德琳觉得自己的话被人听见了，并获得了认可。莉亚让玛德琳感受到她可以与痛苦带来的不适感共处，从而加深对自己的理解。通过这样的方式，玛德琳孤立无援的感觉有所缓解。这一点很重要，因为当我们感到孤独的时候，怨恨情绪往往会变本加厉。

随着玛德琳越来越多地向莉亚袒露心声，她也越来越明显地看到，怨恨几乎已经渗透到她生活的方方面面。她发现这不但使她对自己丧失了信心，更对人性失去了信念。她不时能听到自己说出"糟糕透顶""完全无法理解"和"极其不公平"这样的话。她一向认为自己是个颇为乐观的人，所以她对自己变得如此消极感到震惊和害怕。

对莉亚来说，在玛德琳需要的时候伴随左右，全神贯注地倾听，是一种深刻的对玛德琳表达感激，或者说提供感激的方法。如果你有过一个百分之百值得信赖的人全神贯注地听你说话，不对你进行评判的体验，你就一定知道这是一份多么难得的礼物，能对你起到多大的肯定作用。

专注倾听的重点在于我们能给予什么，而不是从这次经历中收获什么。它需要我们真正在场，全神贯注地陪伴对方。为了他人把我们的自负和行程抛到一边，是我们能做的最有价值的事之一。它需要谦逊和共情。成为一名好的倾听者绝非易事，而感激在培养这种技能的过程中扮演着重要角色。如果我们带着一种感激的心态，把倾听的行为看成接触他人内心的机会，我们就会和对方产生更紧密的联结，减少被自己的想法分心的概率。对玛德琳来说，最重要的一点在于，这标志着她启动了解开心结的过程——她终于找到了一条前行的道路。

感激楷模

提供感激是一项鲜有人掌握的技能，恐怕称之为"艺术形式"也不为过。在我的工作坊，我让参与者想想谁是这方面的楷模，很多人只能说出一两个例子来。他们认为楷模所需的特质包括值得信赖、慷慨、能陪伴左右、愿意付出更多的努力、善良、不随意评判别人、能鼓舞人心，以及是一名优秀的倾听者。

多数的伟大领导都培养出了这些特质。当领导擅长提供感激时，这种行为带来的效果会在时空中回响，经久不衰。它不但影响具体的个人,还影响所有和这些个人产生联结的人。它会在记忆中停留很长一段时间,是建立或恢复友好关系的强有力的方法。这样的领导总是密切关注那些尚未茁壮成长的同事,试图通过有意义的方式来对他们表示感激。他们清楚出于角色身份,他们有能力这样做,自己向对方提供的*感激*会产生强烈的效果。

想在提供感*激*方面做得更好,最有效的方法之一是找个善于感激的楷模,然后试图学习他所展现的特质和技能。

我非常幸运,很小的时候就有机会向这样一位楷模学习。他是我母亲的领导——欣奇克利夫上校(Captain Hinchcliffe)。每天下午,母亲从小学里接上家里的五个孩子,把我们带到她工作的地方。她在当地一家船厂当秘书。我们就在那里度过下午的剩余时光。

母亲在每周五下午洋溢的喜悦之情成了我无法抹去的记忆。她开心不仅仅是因为一周的工作即将结束,周五也是欣奇克利夫上校亲自给所有员工发周薪的日子。他是一名已经退休的前英国海军上校，也是一位十足的绅士。我见证了母亲在收到工资那一刻行为举止的巨大转变。那是一个安静的仪式：当母亲站起来时，上校把干净平整的棕色信封递给她。然后，他会借这个机会诚恳地分享在这一周里她为他做过的一切令他感激的事。每每听到这些话，母亲总是笑容满面。在提供感激这方面，欣奇克利夫上校是不折不扣的大师。

往后的那些年，我多次听母亲提起欣奇克利夫上校对她的影响，每次她都赞不绝口。很明显，他不光是上校，还是"关系之船"（relation-ship）的船长[一]。他提供感激的能力使他在必要的时候也可以顺利地和我母亲、其他员工及客户展开严肃的对话。有他坐镇，霸凌行为绝不可能发生。他还成功感化了一些过去很难对付的顾客，开拓了新的业务领域，因为他总是留出充足的时间认真听取他们的反馈，用实际行动证明他在意他们，希望他们快乐。他的整套行为举止可以

[一] 作者此处巧妙地玩了文字游戏。首先，captain 既可以表示上校，也可以泛指领导人物。其次，"关系之船"的英语原文 relation-ship 来自 relationship。进行这样的拆分，是因为这位领导以前是英国海军上校，后来又在船厂工作，两段经历都和 ship（船）密不可分，而且 relation 本身也有"关系"的意思。——译者注

用"专注地倾听"来概括。他让所有人都觉得自己很重要，他有时间听他们说话。他能够在不偏袒任何人的前提下对所有人提供*感激*。

当我们在日常生活中遇到类似的故事时，我们就能更好地设定一个标准，指导自己如何与他人相处。

培养耐心

但愿你已经获得的见解能帮助你理解自己心存怨恨的原因，这样你就可以踏上解锁生活中某些困难的关系的旅程。但是，有些时候你可能还是会觉得前路漫漫。举个例子，也许你打算对某人提供更多的*感激*，但你发现每天早上仅仅和他打个招呼都已经颇具挑战性。要前进到下一步，和他展开对话并产生有意义的联结，似乎过于困难。也许你觉得总体而言，进步缓慢且费力。

但正如伟大的小说家保罗·科埃略（Paulo Coelho）所写："旅途中最困难的两个考验是等待恰当时机的耐心，和不对我们遭遇的事情失望的勇气。"[8] 换句话说，不以我们的进展速度有多快，或者不以我们看到什么样的结果来评判自己，是很重要的。

就像我们在第1章里讨论的那样，适时地检查一下我们"为什么"感激是很有益的。你希望走向感激，可能是因为它帮助你和他人产生更紧密的联结，帮助你记住对方的好，帮助你保持平静，或改善你的福祉。我们在第2章里讨论过，你现在可能更有动力践行感激，因为你可以更清楚地识别你的怨恨，减少它对你的控制。通过阅读第3章，你也许有动力践行感激，增强你的同情心和共情能力，这样你就知道该如何应对破碎的期望。而通过阅读第4章，你可能发现你的"为什么"是，通过接受他人的感激或者对他人提供这样东西，你可以更好地应对自卑感。

正如我们所讨论的，怨恨会让人感到无能为力。即使我们有强大的动力去选择感激，我们还是无法真正做到这一点。这也是我们需要对自己更加耐心的另外一个原因。如果我们觉得自己在解锁困难的关系方面没有取得多大进展，这是再正常不过的。我们在下一章里将会发现，我们可以通过选择一种感激的"内在态度"来增强我们的践行效果。

第 5 章

选择一种感激的内在态度

> 每当你和某人发生冲突的时候,一个因素可以决定你们的关系是恶化还是加深。这个因素就是态度。
>
> ——威廉·詹姆斯(William James)

选择是个好东西

虽然怨恨可以把我们困在无能为力的死循环里，但同时感激也会提醒我们，我们可以选择不同的视角和存在方式。不过大多时候，我们只有在完全清楚自己目前的视角后，才能做到这一点。我们已经花了一些时间来识别自己的怨恨情绪和它的潜在原因，并反省了它给我们和周围的人带来的影响。现在我们可以继续前进，来看看感激给我们提供的选择。当我们通过"感激还是怨恨"的镜头来看待关系时，我们更有能力看清我们做的选择是如何使一段关系健康成长或日渐凋零的。

然而，怨恨的模式通常包括一种把我们自己的情绪状态怪罪到其他人身上的趋势。在仔细分析了这种模式之后，我们看到怨恨甚至经常使我们无法意识到自己是有选择的。我们会感到愤怒和沮丧，不敢相信自己竟然如此无能为力。我们不仅对造成我们痛苦的初始原因感到怨恨，也对怨恨情绪给我们带来的糟糕感觉和它造成的破坏感到怨恨。

对于长期存在的引发怨恨的情形而言，这一点尤其适用，比如同胞争宠，或是和前任伴侣之间困难的相处模式。我们在第 2 章里已经见过格温的例子：承认我们在如何回应别人给我们造成的痛苦这一点上有选择，不但看起来像我们允许对方不用负责，而且感觉上像在否认我们承受的痛苦的程度。

当我们觉得自己没有选择的时候，我们可以从维克多·弗兰克尔（Viktor Frankl[一]）身上汲取伟大的智慧。他是一名奥地利的精神科医生，在第二次世界大战期间被关进了纳粹集中营。他在那里失去了妻子、父母和兄弟，但自己最终活了下来。维克多·弗兰克尔在《活出生命的意义》（*Man's Search for Meaning*）一书里详细描述了他在集中营里的可怕经历。他深入探讨了集中营里两类人的区别：一类被痛苦彻底打倒，没有精神生活和信仰可言；另一类则充分利用了人的终极自由——选择使用什么态度来应对任何情境，选择自己的道路。[1]

[一] 原文里的 Victor 是拼写错误。——译者注

弗兰克尔通过他的表述"选择使用什么态度"来援引一个真理：人之所以为人，最关键的一点在于，我们有能力选择如何应对生活里的种种事件，这在我们能想到的最可怕的情境——集中营里也得到了体现。如果要运用这种智慧在怨恨和感激之间做出选择，我们可以先审视自己过去是如何应对类似情况的，然后拥抱我们可以做出不同选择的自由。我再说一遍，在所有让我们无法看清自己有这种选择的可能性的情绪状态里，怨恨排在最前面的位置。

然而，这种我们可以选择如何对痛苦的情形（无论痛苦的性质或原因是什么）做出回应的想法，可能非常具有挑战性，尤其当我们被痛苦牢牢掌控的时候。一位深受家暴之苦的女士不可能轻轻松松地选择"以感激的方式做出回应"，对吧？同理，我们不能指望一个被不治之症折磨得死去活来的人选择感激，是不是？有些生活事件过于残酷，似乎剥夺了我们的选择。就像我之前说的，我完全同意在某些情境里，我们会觉得这样的选择几乎没有可能性。

我并不会把这些情况看成"我们可以选择自己的

反应"这个论点的破绽,而是倾向于把它们看成灵感,鼓励我们在有能力的时候真正去做出选择。那是我们不妨反省一下的时机:既然我们足够幸运,处于有能力选择自己如何反应的情境之中,我们当然应该抓住机会这么做。至少这是在我们控制范围之内的事情。

发现选择

不久前,我经历了长达数月的剧烈头痛。在这个过程中,我收到了来自现实的粗鲁提醒:按我在这里建议的方式去选择感激是非常困难的。我之前提过,这是由于当时我得了严重的带状疱疹——一种攻击神经系统的病毒性感染。很幸运,在我生命的大部分时间里,我一直身体健康,拥有充沛的精力。突然患上令我如此虚弱的疾病,着实让人震惊。

强效止痛药只能提供暂时的缓解。随着我的痛苦和彻夜失眠从几周延长至几个月,我的身体越来越虚弱。我的免疫系统彻底坏了。我如此缺乏精力,以至于最小的任务似乎都不可能完成。迫不得已,我只好取消一切演讲活动，拒绝做主题演讲的邀请，把我带的博士生转给其他老师，并退出了我热爱的工作。当我坐在电脑前的时候，头部的刺痛感达到了最糟糕的程度。于是，任何的电子设备都成了禁区。由于没有东西分散我的注意力，我也无处可逃，我只能静静地坐在那里，感受自己的痛苦。

我多年来践行感激的经验似乎完全失效了。尽管我认为自己熟知感激在逆境中发挥的作用，并且多次教过关于这个主题的课程，但当我亲历剧烈的痛苦时，坦率地说，我发现什么都不奏效。

我在被带状疱疹折磨的那段日子里无法践行感激的经历展示了一点：当我们处于强烈的或长期的身体或精神上的痛苦中时，感激所需要的强壮心智会严重受损。这是个令我谦卑的教训，毕竟我一直笃信"意识高于物质"。是时候踏上一段新的旅程了，看看当我在如此虚弱、感到如此多的疼痛的时候，该怎样获取感激。这段经历能教我些什么？

我发现，尽管我们大多数人都能在某些情境里轻而易举地选择感激，但这并不适用于生活中的所有经历，而且这世上根本没有所谓的"掌握感激"。在我看来，感激不是天生的。它是需要我们不断保持警惕、刻意培养的一种东西。最重要的是，它是具体的实践过程，而不是终点。从我的经验来看，每当我觉得自己已经掌握了感激的某个方面时，一定会发生什么事，让我知道自己还有很长的路要走。我们总能进一步加深我们的感激。

即使我们能够找到克服身体疼痛的方法，我们在心怀怨恨的时候还是很难保持感激之情。当我回想自己生活里的一些背叛经历，以及母亲的拒绝给我带来的痛苦的时候，我必须承认，情感痛苦比带状疱疹的痛苦更难忍受。前者更剧烈，对我的自我意识的破坏更严重，停留时间也更久。

在得到带状疱疹诊断的5个月后，我拜访了一位自然疗法师。不经意间，我的这段疗愈之旅让我对怨恨有了更深刻的领悟。这位自然疗法师是别人大力推荐的，所以我长途跋涉去找他。在花了整整一小时分析我的身体症状和可能的治疗方法后，他突然告诉我，如果我不解决表象之下的根本原因，这些治疗方法都不会有很好的效果。他接着告诉我，以他20年给人治疗带状疱疹的经验来看，他的客户有一个共同的特点：他们都在生活的某个方面把自己看成受害者。正因如此，他们对某个特定的人或情境心存大量的怨恨情绪。听他这么一说，我非常震惊。他还不知道，在他面前的我正试图写一本关于怨恨的书！

这位自然疗法师随后给了我一些接下来该做什么的建议。他邀请我反省以前我选择了怨恨的某个情境（没错，他用的是"选择"这个词），并试图改善我的选择。他给我布置的作业是，看看自己在哪些地方没有选择感激，而是选择了怨恨。

我决定在随后的几天里一个人静静地反省。我逐渐意识到，由于婚姻初期发生的一些事情没有得到解决，我多年来一直对我的丈夫心存怨恨。我早前告诉自己，我已经原谅了他，事情已经翻篇，但我现在意识到，仅仅原谅是不够的。我的丈夫是一位优秀的男士，我对他给我们的共同生活带来的种种美好深表感激，但我也能看到，有时这种感激是勉强或肤浅的。通过反省我发现，一旦我对他的怨恨情绪通过某种方式被触发，我很容易就把自己对他的感激忘得一干二净。

发现我对我丈夫的怨恨情绪后，我更清楚地意识到两点：一，怨恨的确是我自己做的选择；二，我可以放弃怨恨，改选感激。在接下来的几天里，我写下了以我丈夫为中心的感激练习，然后努力寻找可以把这些练习融入我的日常生活，以肯定这种选择的方法。这个时候，我的带状疱疹突然开始神秘地好转。我的活力达到了几个月来的峰值。自然疗法师给我开的"处方"不仅仅提醒我要践行感激，还提醒我：我能够选择对自己所处的情境做出回应的方式。

选择我们的内在态度

知道了这些信息后，我们该如何进入比我们的思想和情绪更深的地方，选择让感激成为我们存在的一部分呢？我们在第 2 章里讨论过，怨恨使我们没完没了地纠结。无论我们多么希望自己心存感激，怨恨作为寻求公正的情绪，几乎总是胜出。因此，我们需要看向自己内心更深的角落。在那里选择以感激的方式做出回应，相对更容易和有效一些。

维克多·弗兰克尔给我们提供了一份珍贵的礼物。他的见解让我们看清，无论我们所处的环境发生了什么，感激都可以存在于自己内心的某个部分，无法被他人夺走。他把这种特质称为我们的"态度"。请允许我在他的基础上进行扩充：我们不妨把它称为我们的"内在态度"。换句话说，在灵魂深处，我们是什么样的人，我们用什么总体的看法或视角来适应这个世界。通过关注这个深层部分，我们能够超越或摆脱纠结的想法和情感，采取从大局出发的视角。无论我们是否意识到这一点，我们的内在态度始终安静地待在那里，对我们的想法、情绪、行动和身体健康产生很大的影响。[2]

感激和怨恨渗入人际关系的程度是如此之深，可以说，通过精确地识别这两种状态，我们能够揭示我们在做选择方面的一个强有力的维度。只要看看我们的内在态度是怨恨还是感激，我们就可以提升主动控制感，扩展自己超越某个特定局面的能力，并主动选择自己做出回应的方式。

事实上，一旦我们开始更深入、更真实地考虑感激这件事，就会不自觉地受到内心深处，也就是我们的内在态度的召唤，反思我们所做的选择。正如玛格丽特·维瑟所言："感激一词（gratitude）代表着具体的过程——这种过程自由地进行，因此很难用定义和泛化的解释来确定——但通过这个过程，一个人的态度会发生转变。"[3] 或许你也有过这样的经历，一读到或一听到"感激"这个词就会被激起某些反应。这是一个强有力的提醒：你可以选择以什么方式做出回应。值得重复的是，感激唤醒了我们，让我们看到选择的力量。这是它在帮助我们应对怨恨情绪方面最重要的作用之一。

同胞争宠

然而事情不可能像"只要选择感激的内在态度就好了"这么简单吧？这是谢莉在校长读书俱乐部的聚会上提出的问题，当时我们在讨论我的著作《教育中的感激：一个激进的观点》(*Gratitude in Education: A Radical View*)。大家在俱乐部成立之前已经很熟悉了，后来通过定期见面、分享彼此在生活中的哪些方面难以践行感激，建立了更紧密的联结。谢莉表示，她觉得自己不可能在充满长期怨恨的关系中考虑感激的问题。她谈到对弟弟即将到来的婚礼的畏惧。她的弟弟叫杰克，两人之间始终存在着一种"又爱又恨的关系"。谢莉很喜欢杰克，对他取得的巨大成功感到骄傲，但家庭聚会总是会触发她的痛苦。

谢莉是家里的第一个孩子，两年后弟弟出生。父母把注意力都放在更小的孩子身上是常见的家庭问题，可谢莉的际遇并没有随着弟弟的年龄增长而得到改善。杰克始终受到偏袒，而谢莉也始终因为这种不公平而受苦。父母和弟弟都是平静、自信、"很正常"的类型，谢莉则完全相反。她经常受到父母及老师的批评和惩罚。他们说她是个"野孩子"，总是与规章制度作对，很难长时间专注于一项任务。尽管谢莉颇具创造力，拥有许多隐藏的才华，她依旧和同学格格不入，很难在学校取得好成绩。更糟糕的是，在某些场合，老师甚至直接告诉她，他们没法相信她和她那位"极其优秀的、行为规矩的"弟弟来自同一个家庭。谢莉现在已经是一名事业有成、深受爱戴的校长，但她经过了非常艰难的旅程才走到今天这一步。

读书俱乐部的其他成员对谢莉表示同情，同时承认了他们和自己的兄弟姐妹也有着剪不断理还乱的关系。如果我们仔细考虑日常怨恨的主要原因，很明显，同胞争宠是容易产生并保持怨恨情绪的一种情形。孩子认为自己和兄弟姐妹应该享受父母一视同仁的待遇，这无可非议。当这样的期望没有得到满足时，他们自然会产生怨恨情绪。而父母对其他孩子的偏袒又不自觉地令这个相对不受待见的孩子感到自卑。如今，很多资源都可以帮助父母增强意识，让他们在把新生命带入家庭的时候更好地照顾已经有的孩子的情绪。即便如此，把握好尺度还是相当困难的。出生顺序可以对我们觉得自己是否受到公平对待这一点产生巨大的影响。

当然，这是由来已久、众所周知的问题，普遍存在于世界的各个角落和各个年代。因同胞争宠而引起怨恨的故事在《圣经》（想想该隐与亚伯）、神话、寓言、文学作品、戏剧、电影和电视节目里都有所体现。一项研究发现，超过 1/3 的 18～65 岁的成年人对自己的兄弟姐妹怀有敌意或冷漠的态度[4]。所以，如果你因为对父母或兄弟姐妹有如此多"合理"的怨恨情绪,而觉得根本不可能考虑感激的问题,你肯定不是一个人!

我想再次强调,我不是以心理治疗师的身份来参与这个话题的讨论。我把话说在前头,我们可能需要专业的帮助来试着解开这一部分的纠结线团。我在这一章里提供的是对感激在解开心结的过程中能起到什么作用的探索。它帮助我们看清:我们可以选择如何对痛苦的情形做出回应。

谢莉向图书俱乐部的伙伴寻求指导,希望找到她在和家人相处时该如何心怀感激的答案。她对自己可以选择不同的回应方式这一点非常挣扎,因为任何时候她和弟弟一起参加家庭聚会,她都感到自己渺小而无足轻重,这是她一辈子的痛。

做好准备的状态

我把讨论转向在读书俱乐部之前的聚会中听到的成功故事。包括谢莉在内的校长们,当时都在践行一种方法,我称之为"做好准备的状态"[5]。具体说来,我们把关注的焦点放在自己的内在态度上,在一天开始之前,或者在我们参加某项活动之前,又或者在我们要和某个人互动之前,先让自己向感激的心态靠拢。比如,我们可以在洗澡的时候,或者在花园里,又或者在去上班的途中这么做。

我们为即将发生的事定下感激的基调或氛围——既包括自己的内部,也包括自己的外部。也许我们无法做到对逆境本身充满感激,但通过有意识地聚焦所有我们可以感激的东西,并用这种意识填满我们的存在,我们能够培养出一种感激的内在态度,并把它应用到我们即将遇到的具有挑战性的情境中去。换句话说,一种做好准备的状态让我们有机会留意到我们把什么样的存在,或者说内在态度,带进具体的行为之中。这给了我们更多接下来该如何做出回应的选择自由。

谢莉接着想起了她最近应用"做好准备的状态"这种方法的情景。她当时有约在身,每天要去一所很难对付的学校办事,那里的员工和学校社区之间存在着深深的怨恨情绪。早上睁开眼后,谢莉先对她能看到的东西表示感激。接着,她会对自己年纪尚小的孩子心怀感激,对她从丈夫那里得到的爱和支持心怀感激,对她花园里美丽的玫瑰心怀感激,并对她在上班路上看到的天然美景心怀感激。她很快开始恢复感激的内在态度,于是每天早上都带着它抵达学校。

尽管谢莉不能改变她被分配到的那所学校里剑拔弩张的情形,但她能够通过关注自己的内在态度并培养一种做好准备的感激状态,来改变自己的回应方式。当她选择用感激来处理学校里出现的这种情形时,她能够更轻松地解决问题,因为她可以清晰地思考。她发现自己和别人有了更好的互动交流,感觉更平静,没有那么大的压力了。通过把更多的正直和诚实带进自己和他人的或是关于他人的对话,谢莉能更有效地扮演她的角色,并且在一整天里更加精力充沛。

可是,尽管在践行"做好准备的状态"这方面有过如此积极的经验,谢莉却从来没有想过把这种方法应用到她和杰克的关系问题上。它似乎只和她的工作角色相关,在个人关系方面没有什么参考价值。她同意读书俱乐部其他成员的看法:这是一个重新应用"做好准备的状态"的完美时机。

选择我们希望在困难的关系中成为什么样子

说起"做好准备的状态",它最大的好处之一是我们给自己与他人的互动交流创造条件,这使我们能够带着更多的意识和警觉来应对这些互动交流,从而避免怨恨情绪。就困难的关系而言,这也让我们能够把重点放在自己的道德指南针上,帮助我们找到正确的前进道路。我们有意识地"放大好的一面",就像我们在第1章里讨论的那样。

然而,我们首先要能够承认我们的怨恨情绪。我们需要在内在态度的层面识别它,这样我们才能明确我们正在做的选择。在读书俱乐部的讨论之前,谢莉从来没有真正地给她对弟弟的感受找一个名字。因为她现在已经能够识别这是怨恨情绪,她觉得自己被赋予了力量,有勇气去做些什么来改变现状。她意识到,自己的怨恨是由破碎的期望和自卑感造成的,而这也帮助她理解了这种模式在之前的家庭聚会中以何种方式呈现出来:她看到父母用交织着喜爱和仰慕的眼神看向弟弟的时候,不禁胃部胀痛、下巴紧绷;家庭聚会之前的几个晚上,她总是失眠;她在许多的全家福照片里都笑得不自然，因为她试图压抑痛苦。

婚礼前的两周，谢莉在每天晚间散步的时候试着调整自己的内在态度。她通过这种方式来练习"做好准备的状态"。由于她很难想到自己对即将到来的活动有什么值得感谢的理由，她把焦点放在了同胞争宠的经历给她目前的校长工作带来的好处上。比如，这段经历使她能够对处于同样情境的他人产生共情，并且帮助她变得更具韧性。

在经过几天的反省，并因为吸取的教训而心存感激之后，谢莉终于能够回想起以前自己和弟弟及父母共度的美好时光，并承认她从他们身上收获的东西。她还对弟弟的未婚妻练习"做好准备的状态"，因为出于某些原因，她一直不太喜欢这位未婚妻。现在，谢莉已经能够看到杰克的未婚妻的闪光点，并对她让杰克感到如此快乐这个事实充满了感激之情。

婚礼过去几周后，谢莉来到读书俱乐部的聚会。她迫不及待地告诉大家，她多么感谢各位提供的建议和意见。婚礼当天的情形比她想象的要顺利得多。谢莉说,她没有过度害怕或者担忧她认为那天会发生的事,而是选择聚焦感激的内在态度,这有助于她保持冷静和专注。在婚礼的过程中,尽管还是免不了出现一些关系紧张的时刻,但总体来说,她和每一个人的交流都非常和谐。她甚至给我们看了一张当天拍的全家福,她在照片里真的笑得很开心。

因为这是一个如此具有挑战性的情形,谢莉由衷感激读书俱乐部给她提供的支持。这种支持帮助她变得坚强且有责任感,让她能够坚守自己的全新选择,为婚礼做好准备。就我的经验而言,只要我们真正地把这种意识带入日常生活,我们的周围就一定会有愿意协助我们或在他们自己的生活中已经采用这种模式行事的人。没错,向这样的人取经,在有需要的时候主动寻求他们的智慧和帮助,是明智的做法。

希望事情发生改变,首先我得做出改变

谢莉意识到她有个看起来非常明确的选择:要么成为由婚礼引发的焦虑,或者由持续的同胞争宠导致的怨恨情绪的受害者，要么选择受害者以外的其他身份。对她而言，突发的灵感来自她发现自己可以做出选择的那一刻。她能够让自己保持专注，更客观地见证当下正在发生的事。谢莉还经历了一些其他事情。她激动地告诉我们，家里的每一个人都对她异常温暖，做什么事都不落下她，包括婚礼前的那段日子以及婚礼当天。在很多的相关讨论中，读书俱乐部的成员都提到，他们对内在态度的选择似乎对周围的人有直接的影响。比如，他们讲述了许多涉及学校里某些员工的麻烦情形。他们注意到，仅仅通过改变自己的内在态度，双方的交流就顺畅了许多。当我们超前行动、还没遇到麻烦就主动心存感激的时候，其他人似乎也能在和我们展开互动前就感受到这一点。无论我们自己是否知道，我们内在态度的气场的确会影响周围的人。

然而，就像之前讨论的那样，我们没有办法控制别人的行为或想法，也不应该尝试这么做。我们可以选择改变自己，但绝不应该抱有这会导致对方也做出改变的期望。有时对方确实会改变，有时不会。结果如何真的取决于他们。

参加读书俱乐部的成员都是校长，所以他们的内在态度能够给他们所在的整个学校定下基调。他们希望见到的变化能反映出自己内在态度需要改变的地方，从而心怀感激地领导。当我们自己做出这些恰当的改变时，其他人往往也会跟随我们，即使这一切并不能立刻发生，或者以我们设想的方式发生。但是，当我们用内在态度里的感激部分来引领他人时，我们周围的人往往都会更加心怀感激。[6-8]

如果你担任某个领导的角色（可以包括家长、首席执行官、足球教练、商店经理或老师），知道你的内在态度很可能影响那些你引领的人的内在态度，可以形成一个从怨恨走向感激的强大理由。

要培养出更多用感激来引领他人的能力，我们可以想象我们接下来这一天的情形。想想令我们心存怨恨的某个人，或者我们知道对我们心存怨恨的某个人。我们可以想象通过感激的内在态度来应对这种情形的局面，并好好反思我们在什么方面可以向对方表示感谢，也就是我们从他们那里收获了什么东西。

对过往选择的感激

到目前为止，我们已经探讨了在当下和未来经历具有挑战性的遭遇时，我们可以如何练习"做好准备的状态"。但是，当我们开始感到振奋、能做出不同选择的时候，我们也许会对自己长久以来心怀怨恨这一点感到内疚或羞愧。

尽管我们无法改变过去做的种种选择，但我们可以改变自己对这些选择的反应。感激在这里能发挥重要的作用。我们可以回顾过往的痛苦，并对自己从中学到的东西心存感激。我们还可以用感激的内在态度来应对这种情形，从而对自己更宽容一些。就像谢莉后来发现的那样，她和杰克之间的情形并非一无是处，还是存在一些值得她感谢的东西。这段经历最终使她成为一名成功的校长，拥有为了员工和学生的平等而奋斗到底的良好声誉。

怨恨的一大矛盾之处在于，一方面我们需要竭尽所能让自己摆脱它的束缚，另一方面我们又可以对它教会我们的东西心存感激。这是感激和怨恨之间的一种重要关系模式——我们可以对怨恨情绪本身心存感激。事实上，很多时候，只有对怨恨教会我们的东西心存感激，我们才可以踏上至关重要的治愈过往的旅程，允许自己考虑对伤害过我们的人表示感激的可能性。

只有当我们接受怨恨是日常交流互动的一部分，是人类状态的一部分的时候，我们才能承认它的关键作用——它促使我们发现更多关于自己，以及自己与他人之间的关系的信息。正如哲学家阿梅莉·罗蒂所述，怨恨的重要性"在于它可以作为事情在某个方面出了问题，需要得到承认和补救的一种指示，或者说一种症状"。[9]

我们对怨恨的洞察向我们展示：有情况发生，我们的个人边界遭到了践踏，或者我们的期望在某些方面没有得以实现。怨恨可以帮助我们更清晰地进行自我界定。

当我们发现怨恨的时候，我们相当于同时收到了一份改善自己、改善我们的某些困难关系的邀请。没有这份邀请，我们也许不会尝试拓展自己、磨炼自己的性格。我们可能会看到怨恨提升了我们的韧性，也增强了我们对有类似经历的人产生共情的能力。通过发现自己的怨恨，我们能够更清楚地看到别人怀有怨恨情绪时的某些标志，而这可以帮助我们改善处理人际冲突的能力。当我们能够识别我们自己的怨恨及其表象底下的原因时，我们就能获得对自己和他人的更深刻的认识。

***

到目前为止，我们已经在这本书里探索了深切感激的概念——它高度关系化，涉及我们通过诚挚且有意图的方式向对方表达感激的行为。我们也已经发现，在表达感激的过程中，我们既需要对自己保持真实，也需要让对方觉得有意义。在反思过程中，聚焦我们的内在态度很重要。

在所有已经分享过的故事里，我们都可以看到内在态度起作用的程度。我们可以发现内在态度如何影响我们的行为，而我们的行为又如何加深感激的内在态度。我通过下面的图表来总结这个过程。

选择一种感激的内在态度

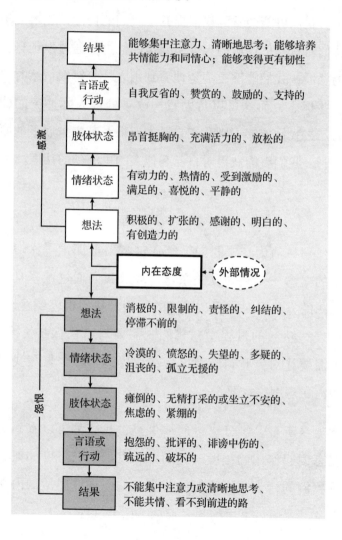

在下一章里你将发现，到目前为止已经学过的关于怨恨的知识能帮助你理解自我怨恨。为了以正直可靠的方式对别人提供真诚的感激，必须先从自我怨恨走向自我感激，这一点很重要。

第 6 章

从自我怨恨到自我感激

完美是优秀的敌人。

——伏尔泰（Voltaire）

辜负我们自己的期望

安德鲁的同事和学生大多对他赞不绝口，说他是一名杰出的教师。他毕业之后不到五年，就已经因为创新的实践和对教育行业的贡献赢得了一项大奖。但是，大家对他的看法和他内心的自我感觉是截然不同的。无论他收获了多少赞美，他依旧持有他不配得到这一切的核心信念。他经常在工作日熬通宵，周末也继续加班，试图设计出完美的教学计划，或写出最有文采、最详尽的学生报告。然而，他从来不觉得自己做的任何事情达到了足够好的程度。

安德鲁经常感到紧张和焦虑。他的夜晚时分在精神折磨中度过：他反复地回想自己对某位学生或同事说过或没说过的话，希望自己在当时做了不同的选择。他还会在脑子里一遍遍地回放当天的课程，想象各位学生的反应，然后因为自己犯的错而自我责备。

对安德鲁来说，教育是一条非常崎岖的道路。他小时候早早退学，之后就一直为此感到后悔，因为他让自己和家人都很失望。他认为自己不像同伴那样接受了良好的教育,所以低人一等。他还觉得退学剥夺了他的很多机会,导致他无法像他的某些朋友那样吸引到条件不错的女朋友。

于是,安德鲁对找回自己的个人力量产生了执念,总想要克服他那破碎的期望,重新实现他真正的潜力。经过巨大的努力,他重返中学校园,并一路走到终点。但是这个过程也给他带来了更多的耻辱,因为到了毕业的时候,他已经是一名成人。进入大学之后,一切都似乎暂时走上了正轨,但他又开始受"冒名顶替综合征"的折磨。他从来不相信自己的能力,不认为自己应该占据那里的名额,还总是担心别人迟早会发现他是冒牌货。安德鲁对证明自己是一名有能力的学生这一点已经到了痴迷的程度,他也因此对自己有着不切实际的期望。他过多地修改已经完成的作业,并且习惯性地拖延。

正是因为强烈渴望帮助那些和他有着相似经历的学生,安德鲁选择进入教育行业。他希望自己成为这样一名教师:能够及时发现没有在学校的环境里茁壮成长的学生,并鼓励他们无论如何都要继续接受教育。

但是，他的旧有模式依然存在：他总是过度努力，永远觉得他没有达到自己或别人对他的期望。无论他多么努力地尝试，他始终无法摆脱当年退学的决定给他带来的羞耻感。

当安德鲁确实成为一名教师后，他继续着以前的模式。虽然他有时觉得自己胜任这份工作，感到颇为满足，但在不少场合，他也相当多疑，认为别人能看到他不像大家说的那么好。他会紧紧抓住任何在他看来可以确认他是个失败者的证据，而无视那些说明他是优秀教师的证据。

不夸张地说，安德鲁已经彻底掌握了一些令他感到自卑的方法。

识别自我怨恨

我们之前已经讨论过，怨恨往往具有隐藏的特性。自我怨恨甚至比怨恨更难找到。在很多案例中，自我怨恨都源自儿童或青少年时期。也许需要很长时间才能发现，我们还可以采取不同的存在方式。

自我怨恨可以通过各种形式呈现出来。它会使我们感情用事，认为所有事情都是别人针对我们的结果。它也会削弱我们的自尊和自信。它甚至会变成我们人格面具的一部分，而我们因此倾向于贬低自己，欣赏别人和别人的成就远多于欣赏自己和自己的成就。当我们没能达到自己的期望时，我们会感到失望和自卑，会忍不住拿自己和别人比较，而自我怨恨正是由这些因素引起的。

我们之前探讨过怨恨如何吸引更多的怨恨。同样地，自我怨恨也会吸引更多的自我怨恨：你对自己不够好或自己总把事情搞糟的信念越强烈，你的自我怨恨增长也就越迅速。通过确认错误的信念，我们选择了一系列和自己过不去的方式，顺理成章地成为自己的头号敌人。

安德鲁自我怨恨的故事在某种程度上得到了很多职前教师的回应。这些来我的班上参加培训的职前教师都有着长期的对自己过于严苛的倾向。如果第一次的表现不够完美，他们会深受压力和焦虑的困扰。没错，我见过他们在上完示范课程后走出教室的样子。

他们看起来像是受到了严重的创伤，因为他们认为其他人在模拟课的环节表现得比他们好。他们错误地以为，自己在学校进行试教的时候，必须展示和他们的辅导教师一样高的水平。如果他们做不到这一点，往往就会自责。

从表面上看，这种强烈的反应似乎来自嫉妒或竞争心理。但是，如果继续深挖一些，我们会发现这种反应往往是因为拿自己和期望做比较，并觉得自己永远无法达到理想的标准。

当然，这种情况并不只是在刚开始从事新的职业的人员身上有所体现。由于破碎的期望而产生的自我怨恨在我的校长读书俱乐部里也是一个常见主题。在顶级运动员和他们的教练参加的工作坊，它同样屡见不鲜。许多运动员表示，如果没有获得金牌，或者在比赛中发挥得不好，他们最失望的对象是自己。自我怨恨让他们夜不能寐，脑海里不停地重播比赛画面，通过消极的自我对话来责怪自己当初的选择。要是他们训练得再刻苦一些，要是他们没有错过那次练习，要是他们晚上早一点睡觉，要是他们在比赛过程中更有技巧地抢占角落……这种纠结年复一年地持续下去，给他们的生活造成严重破坏。他们被剥夺了喜悦和满足，同时不自觉地陷入自我怨恨的循环。

　　从真正意义上来说，我们对自己的失望足以导致我们生病。如果我们不识别并承认这种失望情绪，它就无法得到处理。

自我怨恨和后悔

　　另一种识别自我怨恨的方法是将它和后悔区分开来。虽然后悔是一种颇为痛苦的情绪，但某些人认为它具有积极的意义。如果我们能够反思自己曾经做过的糟糕决定，我们就可以从错误中吸取教训，从而有动力在将来做得更好一些。这当中包含着一种因得益于事后的智慧而往前走的意味，我们感觉自己可以变得更好。安德鲁对自己当年一早退学的决定感到十分后悔，但这种后悔逐渐演变为自我怨恨，因为他始终没能放下对自己的失望，没能释放那种被卡住的感觉。

后悔可以提供智慧，而自我怨恨则导致我们不停地责备自己，直到我们甚至看不见整件事背后的教训的程度。我们无法释怀，而且我们觉得承受糟糕的结果，让它们永远地定义我们和我们的人生故事是唯一的选择。对安德鲁来说，他的自我怨恨已经开始影响他的自我认同。

在区分后悔和自我怨恨的时候，选择和责任是重要的元素。就后悔而言，我们觉得我们可以为自己做的选择承担责任。而说到自我怨恨，我们似乎只能淹没在对自己的失望情绪之中，没有其他的选择。

感激可以在这里发挥重要作用，使我们能够在后悔的阶段做出更好的选择，不至于让后悔进一步发展成自我怨恨。当我们意识到自己犯了错的时候，如果我们能够对所学到的教训表示感激，这会放大它所带来的许多好处，并帮助我们往前走。比如，我们可以对如何成长、改变，从而做一个更好的或更有韧性的人这堂课表示感激。我们也可以对我们的自我接纳表示感激，而不是让自我怨恨全面地控制我们。

不完美的完美

安德鲁的教学生涯到了一个关键点。他感到精疲力竭,身体状况越来越差。他压力重重,十分焦虑,甚至开始失去当初对学生产生积极影响的渴望。他的热情和动力大幅下降,而他在课程和报告等方面的工作也开始马虎起来。安德鲁对教学和学生的冷漠态度加重了他的挫败感和自我怨恨情绪。他的自我感觉越来越糟,后来干脆开始请假,几小时、几小时地坐在电视机前无所事事。他在自己、学生和同事的眼中变成了一个无法辨认的陌生人。

安德鲁的经历是一个经典的例子,展示了当我们不能达到完美的理想状态时可能发生的事情。我们会选择放弃。我们要么追求完美,要么一无是处。只有这两种选择,没有中间地带。力争完美还经常会导致拖延。我们害怕自己做不出足够好的东西,所以干脆不进行尝试。正如伏尔泰警告我们的那样,"完美是优秀的敌人"。

完美主义经常是自我怨恨的主要原因。由于"完美"遥不可及、根本不现实，这就意味着我们永远也不会满足，总是对自己感到失望。我们拿自己和那些看起来比我们优秀的人比较，于是从来不觉得我们自己或我们做的事已经足够好。在最糟的情况下，我们责怪他人造成了这样的局面，因为正视我们自己的错误过于痛苦。如果只有完美才让我们感到满足，承认我们自己的缺点就未免太难了。

一个重要的应对自我怨恨的感激践行方法，是对我们心中的"完美"概念进行深入探索。在许多方面，"某样东西是完美的"这种想法本身就存在缺陷。就其本质而言，完美是不可能实现的，因为只要我们更仔细地挖掘下去，总能找到可以改进的地方。通过安德鲁的例子我们看到，追求完美的过程始终是伴随着一定程度的不确定性或焦虑的。它禁锢了我们的思想，让我们坚信完美的典范必须是某一种样子，而我们需要做的一切就是成为这个样子。一旦我们做到了这一点，就不再有什么值得我们努力的目标，我们也因此没有更多的东西需要学习。

我们可以通过尽力做到完美，但同时意识到完美的不完美，甚至对这一点心存感激，来获取令人愉悦的平衡。古老的日本理念"侘寂"（wabi-sabi）美妙地体现了这种做法。在茶道中，色釉不均衡、有裂缝或形状不规则的碗是最有价值的。正是这些不完美提升了碗的美感。这种传统强调从不完美中获取快乐，是对事物自然状态的赞美，而不是对它们应该有的所谓完美状态的赞美。与其隐藏缺陷或因为缺陷而感到羞耻，不如把它们摆上台面，赞美它们真实的样子。

一种健康的平衡

虽然安德鲁最后决定留在教育行业，但是很多像他这样有才华的年轻教师还是成群结队地离开了，因为他们觉得精疲力竭，得不到支持，自己的价值被低估，幻想破灭。我认为表象底下的深层原因之一在于，他们不知道如何控制自己的完美主义，以及随之而来的自我怨恨。他们也许没有能力接受来自他人的感激并因此获得韧性和自我价值感，因为他们始终在寻找自己的错误和失败。

当代的自我怨恨的另一个来源是我们对工作与生活的完美平衡的期望。我们也许已经对当一名好伴侣、好家长、好朋友或好兄弟（或姐妹）过度承诺。与此同时，我们还处理很多其他事情，指望自己在工作上也有完美的表现。如果我们在任何一个领域里没有达到自己的预期——这是必然的情形——我们就会认为自己在每一个领域里都表现糟糕，充满自我怨恨。这涉及一种持续的失望，以及因我们没达到自定义的完美自我的标准而感觉期望被打破的状态。于是，这些怨恨情绪互相滋养、愈演愈烈，就像安德鲁的例子那样。他一开始对自己无法完美地学习或教课感到强烈的自我怨恨，后来则在各个领域里都感到自我怨恨。

令人遗憾的是，这种对完美的追求会给我们的自我价值感带来巨大损害。自我怨恨必然导致自我厌恶。在我们应该是什么样子、应该如何自我约束等问题上，我们既没有达到自我期望，也没有达到社会对我们的期望。在那些看起来比我们优秀、过得比我们好的人面前，我们感到自卑。我们试着通过一系列苛刻的方法来达到完美的状态，但当我们因无法坚持下来而令自己失望的时候，这种情形只会进一步地加深我们的自我怨恨。

有些人可能认为只要不对自己抱有期望，或者降低期望，以确保结果没能达到我们的预期时我们不会太难为自己，问题就解决了。但是，我们在第3章里已经讨论过，降低期望并不是摆脱怨恨的明智方法，因为它意味着甘于接受平庸，或者降低我们做人的标准。这也许会让我们对自己更加失望。

如果安德鲁对自己不抱任何期望，他就不会这么痛苦，也不会成为在大多时候表现如此优秀的教师。他几乎肯定不会获得那项颇具声望的教学奖项。

一条更积极的前行之路是对自己抱有很高的期望，但培养出恰当的自我意识，在我们没有达到这些期望时，不对自己失望，也不怨恨自己。接受不完美并不意味着放弃对尽力做到最好的期望。它实际上意味着对"最好"有更现实的期望，同时对"不完美"有更健康的欢迎方式。我们甚至还可以运用侘寂的智慧，主动庆祝自己的不完美。

如果我们发现自己可以笑对曾经犯过的错误，在没有压力和焦虑的前提下，公开和别人讨论这些错误，并分享自己一路走来学到的东西，我们就可以确定，我们开始和自己和解了。我们正在一步一步地厘清这段困难的关系。

走向自我感激

我们可以利用到目前为止我们已经探讨过的感激的本质，在这个基础上看看它如何适用于自我感激。这是很重要的一步。之前已经提过，很多人擅长向他人表达感激的程度要远远高于擅长向自己表达感激的程度。当你拥有自我感激的时候，你也就拥有了对自己的共情能力和同情心。你对接受来自他人的馈赠这一点持开放态度，不再只关注你给对方提供什么，并因此获得滋养。你非常欣赏你作为一个人的固有价值，肯花时间承认自己的优点，并对这些优点心怀感激之意，这样你就可以放大对自己的好的一面的感受。自我感激教我们赞美不完美的完美，因为我们对自己眼中的失败或缺点同样心怀感激之意。这样的感激可以提高我们的自我接受度，使我们能够做一些积极的事来纠正我们的错误——如果我们选择这么做的话。

与其盯着把100%作为唯一目标的图表，因此对我们没能做到的部分感到自我怨恨，不如把自己定位到0的起始点，对我们已经做到的部分表达感激。我们可以停止追求完美，改为庆祝微小的收获——我们要留意这些收获，并在它们的基础上继续发展。

在这个过程中，注意我们和自己对话时使用的语言——尤其是我们给自己贴的标签——相当重要。举个例子，与其把自己称为"完美主义者"，不如仅仅把自己看成具有从完美的视角看问题的特质。"完美主义者"的潜台词是，追求完美是我们的一部分，就像是某种无法改变的人格障碍似的。但是，我见过许多人在获得正确的自我认知和技术、在能够接受不完美的完美之后，成功转换视角，重新定位和自己的关系，变得对自己更温柔，也更接纳自我。

还有许多其他的感激实践有助于提升自我感激，

其中最有震撼力的选择之一是感恩日记。这种实践方式有很多不同的版本，对我来说最有效的是每晚睡觉前，我写下当天所有令我心怀感激的事情；我的性格中我希望能改变的一个方面；或是出于感激，我可以回馈他人的某种方式。仅仅留意我们从周围的人和整个世界那里收获了什么，都能使我们对生活持有更开放的态度。

为了增进自我感激，留意自己的优点很重要，哪怕是对熬过艰难日子的感恩之心。我们还可以加上我们为别人提供了什么，以及我们如何通过以某种方式庆祝或滋养自己的行为来回馈自我。

如果我们有强烈的自我怨恨情绪，立刻发现我们对自己心怀感激的部分恐怕相当困难。安德鲁从一位同事那里听说了写感恩日记的策略，决定试试。最初的几周，他确实很难停止自责，经常怪自己从前不懂得感恩。他也会怀疑自己的感恩日记写得不够好，或者自己的感激实践不够"完美"。通过意识到感激是我们随着时间的推移逐渐学会的行为，而不是我们立刻就可以掌握或轻松拿捏的某样东西，安德鲁开始留意一些看似微不足道的事情，比如咖啡的味道，给他递咖啡的服务员的笑容、阳光、温暖、美食等。他还在感恩日记里加上了他对自己心怀感激的部分：尽管之前身处巨大的逆境，他还是取得了这么多成就；他深受学生的喜爱；他拥有健康的身体。

安德鲁每天都在感恩日记里写下他感谢自己的内容。坚持了几周之后，他注意到自己的不足感明显减少。他不但对自己满意，而且对自己非常满意的日子越来越多。与此同时，他对自己没做什么，或没有完美地做什么的评判越来越少，更多地关注自己做了什么，以及做得好的方面。这甚至意味着如果他偶尔忘记写感恩日记，或因为太累而没写，他也不会过分苛责自己，反而对自己能够转变视角这一点心怀感激。

敞开心扉接受别人的感激

当安德鲁充满自我怨恨的时候，他总是驳回任何来自他的学生或同事的感激表达，心想"你们不知道自己在说什么"，或者"我并没有那么好"。他们提供的感激，无论多么有意义或真诚，都只会让安德鲁感觉更糟。他认为自己不值得这些赞美。他有时甚至怀疑他们的话的真实性，心想他们只是出于好意随便这么一说，或是带着自己的目的来奉承他。不幸的是，觉得自己的感激遭到拒绝的人再次提供感激的概率会明显下降。安德鲁发现情况果然如此，他的同事对他的感激越来越少。

然而，安德鲁新发现的自我感激打开了一扇通往新世界的大门，让他可以识别他人对他表达的感激。他能够停下来细细品味这样的时刻，并在感恩日记中对它们进行重述。他不再拒绝他从别人那里收获的感激举动，而是学着如何真诚地表示感激。这是另一个值得庆祝的理由。

差不多就在这个时候，安德鲁收到了来自他的学生杰瑞德的一封感谢信。安德鲁在教师生涯的第一年里教过杰瑞德。他过去也收到过其他类似的信件，但当时他的自我怨恨过于强烈，所以他没法仔细阅读信件的具体文字，总是很快就把它们摆到一边。由于他终于开始践行自我感激，他现在能够真正地品味杰瑞德那些充满善意的文字。

杰瑞德感谢安德鲁为他做的一切，并分享了关于安德鲁教过的一些很棒的课程的记忆。杰瑞德感谢安德鲁留意到他的能力和潜力，特别是在其他老师和周围的人似乎都对他失去希望的时候。杰瑞德说如果没有安德鲁的细心呵护和优秀指导，他绝不可能完成学徒培训，并成功获得他梦想中的工作。

杰瑞德在这个时候给安德鲁提供的*感激*——通过感谢来表达赞美的行为——加上安德鲁新近获得的接受赞美的能力，使他的自我感激成倍增长。这是安德鲁从自我怨恨走向自我感激的旅途中的一个真正的转折点。当他把这个故事转述给我听的时候，他说杰瑞德的信"对我的灵魂而言无异于希望之锚"。

安德鲁少了几分焦虑，能够更全面地欣赏事物。他也更能接受自己的缺陷，不像以前那么爱评判。他感到更加平静、开心，处于多年来最好的状态。他不断增长的对自己的共情能力和同情心也延伸到其他对象身上。他更多地笑对自己的错误。他也能以更放松的状态投入工作，并重新在教学中获得快乐。

此外，安德鲁还更能对他的学生心存感激，从而发现他们具有的某些他之前从未看到的闪光点。安德鲁通过感激自己能从对方身上收获什么东西的角度和他的学生打交道，而不是仅仅关注他们犯的错误。就这样，他得以恢复教学技巧中最关键的一个方面。

建立更牢固的界限

随着时间的推移，安德鲁新发现的自我感激向他展示：他需要和许多人建立不同于以往的人际关系。过去，由于他的自我价值感很低，他总是把那些人的需求放在他自己的需求之上。他曾经迷失在他们的世界里，直到有一天他终于意识到：他们的需求或幸福并不比他自己的更重要。这让他能够就自己希望如何被他人对待这一点建立起更清晰的界限。

这也是娜塔莉学到的重要一课。她在最近一次的感恩工作坊后对我质疑道，如果我们在受到糟糕对待的情境里试图践行感激，是不是会有危险？娜塔莉接着痛苦地描述了她的雇主在过去一年里不时贬低她的情形。每当娜塔莉试着和他谈论这个问题的时候，他总是不屑一顾地表示问题根本不存在。为了保住工作，娜塔莉很长一段时间都尽力忍受他的言行。但最终她忍无可忍，不得不选择离开。

娜塔莉承认仅仅是需要心怀感激的提议已经让她摆出防备的姿态。她质疑对她的老板践行感激的合理性。我的回答是，除非我们先做到自我感激，否则在和他人产生矛盾冲突时，要做出尊重我们自己的诚信和福祉的决定几乎是不可能的。有时，恰恰是因为我们缺乏自我感激，对方才得以控制我们。

我认为辞职虽然是个痛苦的决定，但这是一种强有力的表达自我感激的方法。当我把这个观点告诉娜塔莉的时候，她终于能够看到感激的相关性。她意识到，如果她留下来，她将继续遭到老板的虐待，没有余力为他人或自己提供任何有价值的东西。娜塔莉发现，感激并不意味着每时每刻对所有人都充满谢意——或者在这个例子里，对她的老板充满谢意。感激说到底是以我们能够做到的方式表达感谢。当她想清楚这一点的时候，她获得了解脱。

如果我们践行自我感激，我们的自爱之杯就开始变满，我们也就更能以主动的方式——而非被动的方式——处理我们的怨恨情绪。每一次我们做出自我感激的选择，我们都在通过捍卫真实的自我和明确自己希望如何被他人对待的方式来进行自我定义。

有时，我们首先需要处理我们的信念和自卑感的问题。在建立牢固的界限，不允许别人欺负、侮辱或嘲笑我们的同时，我们也在表达自我感激。我们经常听到这句话：在爱别人之前，我们需要先爱自己。感激能帮助我们更多地看到自己的内在美、技能、才华和成就，以及我们如何利用它们去造福他人和世界。

与此同时，我们也应该保持警惕，绝不能让自我感激演变成自我崇拜或高人一等的感觉，又或者利用这种新发现的自我意识去贬低他人。如果真的发生这样的情况，自我感激就会失去它的谦逊以及对我们和他人之间的天生的相互关联性的意识这两大基本特征。我们需要时刻记住这个事实：感激就其本质而言，是涉及给予人、接受人和礼物的三方关系。自我感激也不例外，它既承认我们所给予的一切，也谦虚地承认正是由于我们收到的一切，我们才成为今天的自己。

娜塔莉意识到自从她离开那份工作后，她获得了更强的自我价值感，因此她的自我感激也成倍增长。安德鲁则结交到一群新朋友，而这也帮助他在希望如何对待自己以及如何被他人对待的问题上建立更牢固的界限——简言之，他的答案是"以感激的方式"。

自我发现

安德鲁曾经刻意回避花时间进行自我反省的行为，因为他害怕看到自己不够完美的方面。但是，他新获得的自我感激帮助他张开双臂拥抱一种不同的存在方式——"发现"模式。在发现模式下，我们有意识地、勇敢地寻找不完美的数据，看看我们在哪里偏离了轨道，在哪些方面也许能做得更好，这样我们就可以积极主动地调整我们的航线。我们把错误看成发现更多关于自己和他人的信息的手段。我们保持谦逊，接受自己并不完美这个事实，因此对自己和他人都会少一些评判。我们不再感到焦虑和紧张，而是觉得轻松、充满活力且干劲十足。

随着我们不断实践这种发现的艺术，我们有意识地向我们可以心怀感激的对象靠拢。我们不沉浸在对过去的悔恨和遗憾中，或是担心万一我们将来犯错怎么办，而是对这一切能教会我们什么、如何帮助我们成长感到兴奋。我们把每一天都看成令我们感激的新的一天——它充满了各种可能性和学习机会。

在这个模式下，我们积极寻找自我怨恨，并愿意通过自我感激来应对自我怨恨的问题。我们关注我们热爱自己的具体原因，以及我们给予和接受的一切东西。这种自我感激行为会给我们带来信心。我们也因此对自己的局限性有了清晰的认识，并接受了这一现实，可以在不过度努力的情况下力争做到最好。这有助于我们进一步向喜悦和平衡靠拢，我们也会更加善待自己和他人。

***

在这一章里，我们探讨了自我怨恨有多么容易生根发芽，并发现它的成因与我们对他人的怨恨的成因是一样的：当我们打破了自己的期望，在他人面前感到自卑的时候，我们会对自己产生怨恨的情绪。这些成因在不同的人身上会以不同的形式呈现出来，但它们的原始出处往往都是一种扭曲的完美观念。自我感激是一种把视角从追求完美转向庆祝我们的不完美的强有力的方法。自我感激也会促使我们追求生活中的健康平衡，这样我们就可以对我们已经拥有的东西和我们能够取得的成就心怀感激。

如果我们能够接受他人对我们表达的感激之情，真切地感受并相信这份赞美，我们就会知道我们确实比以前更懂得自我感激了。我们可以从我们的想法、自我对话、身体状态和人际关系中看到这一点。我们会觉得自己与他人的联结更为紧密，更有信心，心态更开放，拥有更丰富的资源，并对自己的能力和技能有更透彻的理解。随之而来的结果是我们对自己周围的人和世界产生更为强烈的共鸣，并且允许这个世界反映我们的自我价值。

到目前为止，我们已经探索了感激在处理我们对他人的怨恨和对自己的怨恨的过程中扮演的角色。接下来我们要进一步探讨感激能如何帮助我们处理来自他人的怨恨，以及我们在这一章里讨论的自我感激将如何成为关键的第一步。

第 7 章

处理别人对我们的怨恨

> 我们选择面对,并不意味着所有事情都可以改变;但如果不去面对,那就什么也不可能改变。
>
> ——詹姆斯·鲍德温(James Baldwin)

识别他人的怨恨

如果你曾经是他人怨恨的对象,你一定知道这种感觉多么痛苦,而不以充满怨恨的方式做出回应又是多么困难。你也一定知道厘清造成这种僵局的错综复杂的事物是多么艰巨的任务。这当中通常包含了很多层的误解或痛苦,越往深处挖掘,难度就越大。处理我们自己的怨恨情绪往往比处理他人对我们的怨恨情绪容易一些。

在有些情境中,我们确信某人对我们心存怨恨,但我们不理解这种情绪从何而来,因此觉得自己受到这样的待遇完全不合理。在其他的情境中,某人也许把一腔的怨恨情绪撒在我们身上,但真正引起怨恨的理由和我们没有任何关系。我们将在下一章里讨论如果遇上类似的情况,我们可以如何践行感激。在这一章里,我们先来讨论另一种情形:我们多少清楚对方为什么对我们感到怨恨。此时,我们必须勇敢地面对冲突,承认尴尬的现实:我们需要对自己在破坏这段关系的过程中发挥的作用负责。也许我们的作用很小,但它还是通过对方的怨恨情绪体现了出来。

当一个人觉得受到了伤害的时候，如果他认为自己的怨恨情绪是合理的，他往往会坚持这种看法：应该由造成他怨恨情绪的那个人跨出修复关系的第一步。但是，当事人可能根本不知道问题出在哪里。

我们如何回应来自他人的怨恨情绪可以永远地改变我们和这个人的关系。最具破坏力的回应方式之一就是根本不给任何回应。在这种情况下，怨恨情绪会进一步恶化，而且对方很有可能再也不会主动和我们提起这件事。此外，如果对方很痛苦，而我们没有这样的感觉，我们就容易产生误解，认为对方耿耿于怀是不理智的行为。要是我们真的这么想，恐怕只会火上浇油。

由于修补关系看起来实在太困难了，我们可能觉得不如干脆避开这个人，希望随着时间的流逝，事态会慢慢平息下来。但是，你也许已经知道这个策略的成功概率很低。如果不妥善处理，怨恨情绪通常会恶化，对方拒绝或打击我们的行为也不一定会停止。从长远来看，停止交流、把那个心怀怨恨的人从我们的生活或朋友圈里赶出去的策略也不会成功。也许在物理空间上，我们和那个人不再有交集，但在我们的心里，敌意和伤害会始终存在。我们在这本书里从始至终都致力于探索一条不同的前进道路——我们把修补和恢复关系放在我们的"为什么"的核心位置。说到底，要获得深切而持久地与自己和解、与对方和解的办法，这是唯一的道路。

我们在这一章里探讨的每一种感激实践都适用于人际关系的修补，无论具体的情境是什么。下面这个例子的主人公是西蒙，他是一家大型信息技术公司的总经理。通过这个故事，你会发现他是如何成功地处理来自员工的诸多怨恨情绪的。领导在这样的情境里发挥着格外强大和重要的作用。他们通过积极的方式来识别和处理怨恨的能力可以决定这家机构是获得成功还是走向失败，并且对员工的士气和福祉有着持久的影响。

看到我们的盲点

在过去十年担任总经理的这段时间里，西蒙确信他的管理相当严格。公司在他的监督下运行得不错，没有什么特别不满意的声音。大多数的员工看起来都挺开心，而客户——西蒙衡量成功的主要标准——也纷纷对公司的产品表示满意。他知道某些员工存在抱怨和诽谤的行为，但他把这种现象归因于人格的差异，毕竟每个机构里都会有各种类型的人。他能感觉到某些员工不喜欢他，但他早就接受了"好经理并不一定会受到所有人的喜爱"这种理念——这是自从他参加了一个领导培训课程之后就深信不疑的格言。西蒙还知道公司的某些部门的员工流动率很高，另一些部门的病假率很高，但他也同样把这种现象归因于生活方式的不同选择，而不认为这和自己的管理风格有什么关系。

当首席执行官让西蒙给员工做一份关于对工作的满意度和信心度的匿名调查时，西蒙并没有过多地担心。但是当结果出来的时候，西蒙震惊了。在几乎所有和他的领导风格相关的指标上，他都得到了极低的分数，包括信心、尊敬、信任和士气等。大家的评论不仅仅是琐碎的抱怨和烦恼的爆发，很多内容显然来自根深蒂固的怨恨情绪。大部分员工表示他们害怕上班；很多人说上班的地方让他们感到不适，或者承认如果财力允许，他们会选择离开。大约1/4的员工反映他们在工作中遭受了霸凌。

最让西蒙受到伤害和打击的一点在于，他原来预计至少有一半的员工会对他的管理风格表示赞许。毕竟，他前不久刚批准了他们的加薪申请，并提供了比他们要求的更好的工作条件。他还指望他手下的那群中层经理对他忠心耿耿，因为他们非常清楚总经理需要面对的压力。他觉得他们背叛了他，因为从匿名调查的某些回答的用词来看，那群中层经理显然对他有很大的意见。这让西蒙不禁怀疑，他们过去和他打交道的时候是否都在演戏——当面对他时很友好，但在背地里把他贬得一文不值。

西蒙的健康状况迅速恶化。他出现了高度紧张和焦虑的症状，并受到背痛和头痛的困扰。他不但对员工和中层经理有越来越多的怨恨情绪，还开始对首席执行官感到怨恨。他怀疑首席执行官故意整了这出匿名调查的大戏，目的是要削弱他的权力，为开除他做好铺垫。他的韧性日益减少，他的诚信也开始崩塌，陷入了多疑、羞耻和自我怀疑的旋涡。

接着他收到了首席执行官发来的参加会议的要求。他们将在会议上查看调查的结果，并讨论补救这个局面的可行策略。他需要尽快地做些什么来逆转乾坤。

西蒙召集他手下的 8 位中层经理开了个特别会议。他让他们解释，从他们的角度来看，调查的结果是什么意思。他前一天晚上几乎没睡，在会议上的表现不甚理想。他指责他们没有直接把自己和手下员工的各种不满说出来，并控诉他们对他隐瞒重要的事情。西蒙无法看到自己的盲点，也无法对由自己的行为和态度造成的后果负责。他所做的一切就是责怪，怪别人对他隐瞒真相，怪结果不公平。他把自己的痛苦和愤怒投射到了这群中层经理的身上。

他们大多在西蒙发表长篇大论的时候把目光投向别处，但也有个别经理开了口。他们羞怯地指出西蒙始终很忙，一门心思地聚焦产品和顾客。相比之下，他们不认为西蒙有多么在意员工的情况。西蒙听了这话非常愤怒，立刻试图捍卫他的身份和地位。他通过更多的指责来让他们闭嘴，拒绝听仅有的几个至少还有勇气发表意见的中层经理的话。讽刺的是，正是西蒙自己表示想听听他们的反馈的。

当西蒙和首席执行官见面的时候，他的怨恨情绪进一步升级。他给她开了一个长长的单子，详细列举了那些中层经理的无能的证据。他甚至提议其中几位应该被开除或解雇。没等他咆哮完毕，首席执行官就让他停止。她示意他谈谈自己在导致如今这些结果的过程中起了什么作用。她很坚定地告诉他，接下来的几个月，她将花钱请一位私人教练对他进行专门的辅导，之后她再和他面谈。当她说她打算请的教练是感激策略的专家时，西蒙简直要气炸了！

自我反省

虽然西蒙对找私人教练的想法十分抗拒，但他意识到自己确实需要一些帮助来应对他所处的情境。他的身体疾病已经发出了响亮的警告信号，可他依旧不停地拖延。他已经数次在最后一刻通知迈克尔——首席执行官给他指定的教练——推迟见面日期。当他们终于第一次成功见面的时候,西蒙很快就变得烦躁和愤怒。

西蒙原本希望迈克尔给他提供一些简单的策略,让他可以解决自己和中层经理之间的问题,确保他们今后对他更忠诚一些。当迈克尔建议他从彻底不考虑别人、不试图改变别人的行为举止的角度开始努力的时候,西蒙震惊了。迈克尔还建议西蒙把焦点完全放在自己身上。不仅只考虑自己能改进的地方,他还至少要在接下来的一个月里只做这一件事!

西蒙确信他不需要多久就能做出改变,于是对迈克尔发起了挑战。他还说即使按迈克尔的建议做了,也没法阻止员工的抱怨进一步升级。他担心首席执行官会认为他没有采取任何行动来解决问题。

迈克尔邀请西蒙细细反思这条原则:*想要事情改变,首先我必须改变*。在他们接下来几周的讨论里,西蒙逐渐意识到这是前行的唯一道路。

尽管过程对西蒙来说很艰难,他们还是一起查看了调查里的那些反馈,试图把西蒙需要立刻做出改变的主要方面分离出来。很明显,西蒙长久以来令这些员工感觉糟糕,他们也因此怀有根深蒂固的愤怒和失望情绪。他们大多数的反馈的核心都可以用一个词解释:怨恨。

迈克尔问西蒙,如果他能从镜子里看到这种情形,镜中的映象会说明什么关于他自己的信息?他在哪些方面对他的员工心怀怨恨?西蒙需要意识到,在他能够理解员工的怨恨情绪之前,他得先处理自己的怨恨情绪。

起初,西蒙说他并没有对员工心怀怨恨,无论是现在还是过去。但是当他这么说的时候,他攥紧拳头,身体高度紧绷,并且满脸通红。在被问到知晓调查结果后他已经请了多少天病假的时候,西蒙不得不承认,他当下的健康问题和失眠状况反映了他的内心世界:他觉得自己遭到了深深的背叛。反思调查结果出来后的那几周,他终于能够看到,自己身上许多不断升级的疾病的核心都是怨恨情绪。

在迈克尔机智但深刻的提问下,西蒙得以识别自己一直以来诽谤和打击他人的行为。最近一段时间，他这么做的目的是减轻痛苦，试着和他所认为的朋友分享负担，并从他们那里获得共情。他现在意识到，这只会进一步削弱同事之间的信任和友好关系。西蒙承认这不是什么新鲜事。他早就养成了习惯，随便对他人吐槽令他失望的员工——尤其是周五晚上在酒吧放松的时候。

西蒙还承认他特地在各种场合说首席执行官的闲话。当她被任命为公司的最高领导时，西蒙觉得受到了侮辱。他无法相信自己没有获得这个机会，而且在内心深处，他质疑她驾驭这份工作的能力——因为她是一名女性。他开始明白，他一有机会就说她坏话是他应对自尊心遭受打击的方式。这正是西蒙最需要从镜中的映象里看到的信息。他当时没有意识到，如果我们通过盲目的诽谤中伤来打击领导，我们其实是在打击整个组织机构。难怪员工对他充满了怨恨情绪。

遇到他人对我们心怀怨恨的情形，为了看清镜中的映象，我们必须把关注的焦点从对方给我们造成的痛苦转移到我们给对方造成的痛苦上来。如果不这么做，我们必然从自己的怨恨情绪的角度出发，来回应对方的怨恨情绪——这只会导致进一步的误解和冲突。

培养感激之情

西蒙逐渐意识到，他在公司的怨恨和抱怨文化中起了关键的作用，而许多像这样令他难以接受的真相都已浮出水面。不过，由于韧性遭到打击，他还是有许多问题无法看清。调查结果令他崩溃和难受，他甚至很难继续讨论这件事。随着他的盲点被一一揭露，他的自我怨恨不断飙升。他感觉自己遍体鳞伤、无比羞愧，以至于任何处理员工的怨恨情绪的尝试都几乎不可能成功。

迈克尔帮助西蒙看清一点：首先，他需要培养个人的韧性。为了做到这一点，并找到继续前行的谦逊和勇气，他需要借助感激所具有的振奋人心的力量。西蒙一如既往地对此进行抵抗。在他看来，怀着感激的心态应对这样的情形简直不可理喻。他以为迈克尔要他欢快地、笑容满面地在公司里走来走去。后来迈克尔向他展示了感激是从一个非常个人的、内心的过程开始的,其他人根本不需要知道。直到那一刻,西蒙才发现自己之前犯了想当然的错误。迈克尔还给西蒙看了一些科学研究的结果:在困难时期,感激可以培养我们的韧性。[1]

显然,西蒙需要通过一小步一小步往前走的方式来进入这个感激的过程,这一点很重要。虽然当下西蒙很难找到在工作中值得他感激的东西,但迈克尔还有别的办法。他鼓励西蒙关注在工作以外的情境中值得他感激的东西。在迈克尔的推动下,西蒙决定把他的感激之情聚焦于他那可爱的孙女、美丽的花园、舒适的家和他所居住的街区。他通过不断练习在每天结束之际列出5种让他感激的东西,逐渐地培养起自己的感激意识。

为了帮助他培养自我感激,迈克尔引导西蒙写下他可以对自己表示感激的原因——他有勇气做出改变,并且在明知公司里有不少人对他充满敌意的情况下仍然选择去上班;他拥有许多可以帮助客户的技能;他对自己的孩子和孙女非常慷慨,等等。

尽管最初持怀疑态度，西蒙还是意外地发现感激确实发挥了作用。他变得更能以乐观（而非怨恨）的心态去应对上班的日子。事实上，他的应对能力开始慢慢增强。他内心感到更加平静，每天早晨有更多的工作动力。他的睡眠情况也有所好转。

这也使西蒙能够相对轻松地以更客观的眼光重新看待调查结果。他逐渐看到前行的道路，看到一线希望。虽然过程很艰难，但他已经开始把员工的反馈看成要求改变的呼声，并且迈出了从自己改变做起的第一步。

寻找忧虑的迹象

正如我们已经讨论过的那样，逃避他人对我们的怨恨情绪往往比正面处理这种怨恨情绪容易得多。我们可以进入否认状态，责怪对方，或是用我们自己的敌意来回应对方。但是，如果我们能够以完全相反的方式进行回应，主动寻找我们可能导致对方产生怨恨情绪的原因，那么我们就可以防止事态升级，最终创造出让怨恨难以生根发芽的文化环境。

当西蒙鼓起勇气审视自己某些可能导致员工的怨恨情绪的行为时，他发现了许多自己在日常交流的过程中犯错的迹象。他既让大家感到自卑，又打破了他们的期望。尤其关键的一点在于，他通过公开诽谤的方式伤害某些员工。他逐渐意识到，难怪那么多同事都感到失望或困惑。他没有达到他们对领导的期望。通过反省，他现在还看清了一点：他一直根据自己或员工的心情，不断调整他的期望，所以他和大家的交流几乎没有一致性可言。如今再回看调查中的某些指控——有人说他位于徇私和任人唯亲的文化氛围的中心——他也就不感到意外了。

西蒙坦承当他意识到自己之前有过多少次这样的行为时，他一瞬间感到不知所措。迈克尔提醒他：感激是一种"练习"，任何为了远离自己的怨恨、解决他人的怨恨而努力的行为都是迈向感激的一小步。迈克尔还建议西蒙，在接下来的几周内，与其以全新的方式和所有员工打交道，不如选择几项自己能够专注的感激实践。由于西蒙之前从未有过类似的尝试，当他得知他最好放慢速度、先选几个离他的舒适区不太远的人作为实践对象的时候,他松了一口气。他需要循序渐进,所以一开始感觉尴尬,或者没有在头几次的过程中把一切都处理得非常妥当,是可以接受的。

迈克尔帮助西蒙排练了一些他可能想对同事说的话,比如,"我经常在公开场合嘲笑你最近的汽车事故,说一些令你难堪的话,你肯定感到很尴尬。我想说我非常抱歉",或者"当我取消之前已经答应你的病假时,我让你失望了。我违反了我们之间的协议,我向你郑重道歉"。

西蒙越来越频繁地体会到,当他带着感激的态度去展开一段对话时,事情往往朝着有利于他的方向发展。但是,这肯定需要提前做一些准备。他为自己之前没有做过这样的事感到羞耻,而正因如此,他意识到他需要先对每一位员工加深了解,建立起自己和对方的联结。只有这样,他的感激才会真诚而有意义。

西蒙必须不止一次地排练,并且考虑他将如何处理负面的回应。他依然十分脆弱和敏感,所以他不得不鼓起勇气,学着尽量不去介意对方的冒犯性言语。

他还不得不和迈克尔谈论自己的恐惧：他怕没有能力解决员工的问题，怕自己和他们展开对话只会让事情一发不可收拾，导致他们更多的抱怨。

当西蒙刚开始尝试进行这些对话的时候，他能感觉到对方几乎不想开口，或者干脆打算避开他。如果他抓住机会在走廊或茶水间和员工聊天，他们则会回避眼神接触，看看自己的手表或手机，找些借口开溜。基于他们过去和西蒙打交道的经验，他们根本不信任他，依旧害怕他会嘲笑、反驳他们，或让他们感到渺小。

迈克尔提醒西蒙，要展开对话，他必须学着跨过来自对方的防御、不信任和不安感这些障碍，尝试找到一种产生联结、和对方建立关系的方法。为了做到这一点，他需要处于一种做好准备的状态——提前想好自己对他们心存感激的理由，并让它停留在自己的内在态度当中——然后再和他的员工进行面谈。如果他希望事先排练过的道歉能有些许机会引起对方的共鸣，他就必须处于这种做好准备的状态。同样地，他还需要接受对方永远也不想和他谈话的可能性。

在一个多月的时间里，西蒙仅仅对少数几个他至少能找到某种联结的员工践行感激后，他发现他们的举止发生了转变：他们上班的状态明显比以前有活力。其中一位同事甚至会在每天早上西蒙走过他办公室的时候主动打招呼。

让别人更容易和我们谈话

对几位员工进行感激练习的同时，西蒙也在继续着每天的自我感激练习。他觉得现在已经做好了准备，有足够的韧性跨出接下来在文化变革层面的重要一步：让别人更容易向他反映他们的委屈。

由于对迈克尔的支持感到安全，西蒙放心地发布了公告，说他真的很想听取关于他怎样能以不同的方式进行管理的意见，并希望从自己的错误当中吸取教训。他邀请公司各个级别的员工直接找他谈话。他承认自己可能依旧会犯错，也许要经过几轮尝试他们才能明白彼此的意思。他还说他没法保证他会解决他们所有的问题，或者满足他们所有的愿望，但他一定会尽力倾听每位员工的委屈，让他们的想法得到应有的重视。

西蒙知道这么做的风险很高。如果他辜负了来找他谈话的员工的信任，或者处理对话的方式没能让对方感到自己被真正倾听或受到尊重，他们一定会回去和他们圈子里的人汇报情况，于是大家对他的集体怨恨情绪必然变本加厉。西蒙需要专注于公平地对待每个人，这样他才不会继续被认为对某些人存在偏袒行为。他还必须找到前行的方法，不能总因为听到令他震惊或愤怒的事就感到痛苦，同时学会不把自己的怨恨情绪带到对话里去。

当别人前来讨论他们对我们的怨恨情绪时，我们需要勇敢一些，做好可能经历不安或困难的准备，这样我们才能真正地、专心地倾听他们的痛苦。正如诗人本·奥克利（Ben Okri）所说，"倾听就是受苦"。

西蒙意识到，虽然倾听同事诉说委屈是一件难度很高的事，但对方做出这种举动的难度也同样很高，甚至可能更高，因为直接对领导表达不满是我们所能做的最困难的事情之一。西蒙高高在上的地位已经注定了别人很难向他反映他们的怨恨情绪。他需要说一些恰当的开场白，表示自己很清楚对方直接找他谈话是相当有勇气的行为。他可以说一些像"谢谢你来找我……"或"我真的很欣赏你的勇气……"这样的话。此外，他的表达必须真诚，以确保那些话听起来没有居高临下的意思。

成为一名伟大的领导

无论是对自己还是对同事，西蒙都感受到了超越从前的正直。这些对话往往以西蒙的道歉开场，而他在整个谈话过程中会以非常个人的方式肯定每一位员工。他开始享受这个过程：首先他告诉对方他感到很抱歉，过去从来没有就他们对公司、客户或同事做出的贡献明确表示感谢。接着他会分享自己从对方身上学到的东西。如果他不太了解前来找他谈话的同事，他就先和这位同事的部门领导碰面，多掌握一些关于当事人的兴趣爱好及贡献的信息。

这些内容都没法排练。正如我们需要找到有意义地对别人表达感激的方法一样，我们也需要找到有意义地倾听别人诉说怨恨的方法。西蒙通过重述对方的主要观点——这样他就能够确认他听懂了对方的信息——来表明他在认真地倾听。他还说如果他们需要更多的时间和他谈话，他诚挚欢迎他们回来找他。根据某些员工的具体情况，他还需要在一天或几天之后回访一下，看看他们的情况如何，确保他们在和"老板"说了实话之后不会觉得过于暴露和脆弱。

这个过程不简单，有时甚至非常痛苦。西蒙必须竭尽全力试着不把听到的那些委屈看成大家对他的个人攻击，或是不采取防御性的姿态。

聚焦于此的同时，西蒙还需要在接下来的几个月里分派许多工作、推迟会议并不时加班，以追上核心任务的进度。但是，这对西蒙来说只是小小的不便，因为他在那些找他谈话的同事的脸上看到了更多生机，而他也开始因为他们的勇气和信任，以及他们在走廊里的问候和微笑，而充满了感激之情。他慢慢地恢复了当一名好领导的信心。西蒙向公司里的每一位员工传达了一则强有力的信息：关系和人是公司的核心，比完成任务和达到目标更重要。

西蒙开始慢慢地成为一名好领导——确切地说，不只是好领导，而是伟大的领导。在他收到匿名报告结果的一年多以后，当他和首席执行官碰面进行年度工作审核的时候，她欢迎他进入办公室的方式和她脸上带着感激的微笑都和过去有了明显的不同。随着她逐一列举她注意到的所有积极改变，以及许多员工主动发给她的对西蒙的良好评价，西蒙露出了发自内心深处的微笑。他知道这些话一定是真心的，因为他非常努力地创造了一个让大家不再害怕直接对领导进行反馈的文化环境——尽管部分同事离实现这个目标还有相当的距离。

渐渐有了更多的希望。西蒙最初因为报告结果而产生的自我怨恨如今已经被自我感激所取代。他感激自己没有选择逃避，而是从逆境中一路走来。否则，他将错过这段经历给他带来的巨大的智慧。

当然，公司的首席执行官，也就是西蒙的上司，也展现了巨大的智慧。我们必须在这一章结束前提一下她的伟大之处。她显然拥有足够的洞察力，所以她没有对西蒙产生怨恨情绪，而是亲自示范人和关系真的很重要，并通过这种方式来帮助西蒙。她把西蒙看成一个人，而不是一堆工作表现数据的集合；她坚持一种现实的、循序渐进的改变方式，这样西蒙会觉得目标是可以实现的；她还为西蒙提供在她看来他做出改变所必需的帮助。首席执行官甚至在明知道西蒙说她坏话的情况下依旧选择支持他，这是多么难能可贵的智慧和优雅。这样的领导方式非常鼓舞人心，能够给人带来变革性的进步。

给足时间

尽管西蒙的例子是以公司为背景的，不一定适用于"个人恩怨"，我们还是可以从他的故事里学到很多，包括如何处理别人对我们的怨恨情绪，以及感激在促进转变的过程中扮演的角色。

我们在这一章里探索了许多的感激实践，我邀请你采取任何一种或几种在你的情境里让你产生共鸣的做法。我再强调一次，这应该是一个在你的舒适区之内的情境。就像西蒙发现的那样，这些实践包括承认我们是导致别人产生怨恨情绪的原因；通过自我感激和做好准备的状态来增强我们的韧性；反思我们是否没有达到别人的预期或让他们感到自卑；寻找别人对我们感到怨恨的迹象并及时解决问题；为当事人创造一个安全可信的环境，让他们能够公开地谈论他们的委屈，等等。虽然这些行为从表面上看起来不一定像感激实践，但对促成感激在困难的人际关系中的表达和接受而言，它们可谓至关重要。当你考虑选择以上任何一种感激实践的时候，你实际上在将你的觉察带给对方，向对方传达这样一则信息：我们之间的这段关系很重要。这本身就是往前迈进的一大步。

有时，别人对我们的怨恨已经根深蒂固。也许我们曾经深深地伤害了他们，需要花很长时间才能修复他们的信任。在这样的情况下，我们可能难以确定我们采取的感激实践是否对他们起作用，或者在一定程度上解决了令他们感到怨恨的问题。这个时候我们不妨回顾一下那句感激格言：衡量我们成功的标准是自己的内心感受，而不是对方的回应。

就像西蒙发现的那样，上面列举的感激实践并不总是那么容易实现。要真正付诸行动，我们通常需要很大的勇气和很强的动力。首席执行官给了西蒙第二次机会，以及当我们令别人感到烦躁和愤怒，无意导致他们产生怨恨情绪的时候，我们每个人都非常需要同情心。我们可能还需要适当的支持，有时包括来自专业人士的帮助。

我们在这一章里强调的另一个重要因素是时间。如果我们试图改变某些根深蒂固的行为习惯，寻找快速的解决方法只会弊大于利。在西蒙的例子里，我们看到迈克尔在很长的一段时间里支持并管理着一系列的动力关系。他培养了西蒙自我感激的能力，这使西蒙能够听取同事的批评意见，然后诚实地反思自己如何导致了这种局面，接着管理他的自我怨恨情绪。

为了让解开心结的过程变得容易一些，怀有怨恨情绪的人需要有足够的勇气和技巧,能够做到和导致他们的怨恨情绪不断恶化的那个人展开对话,直面问题。在下一章里,我们将探索一些实用的策略,帮助我们克服对直接和当事人谈论我们的委屈的恐惧,也帮助对方克服同样的恐惧。我们还将探索感激在这个过程中如何发挥作用。

说出我们的委屈

> 恐惧：最好的出路是穿越它。
>
> ——海伦·凯勒（Helen Keller）

直言不讳的危险

并不是每一位员工都抓住机会和西蒙直接讨论他们的怨恨情绪。有些人可能觉得他们就是做不到；或者害怕如果自己一旦改变心意，同事会有各种各样的想法。有些人则可能质疑这么做的意义。像我们大多数人一样，他们也许成长于特定的环境——在这样的环境里，保持相安无事显然比冒着制造冲突的风险直言不讳更重要。

我需要先强调一点：选择不直接和导致我们痛苦的人谈话并不是懦弱的表现。我之前已经提过，某种感激实践不见得比另一种更好或更有价值。我们花了整整一章的篇幅讨论这种方法，也并不意味着它就是终极的感激举动，或是解决怨恨情绪的唯一方法。在某些情况下，直言不讳未必是最好的选择。

然而，有些伤口具有特殊性，如果我们不直接对怨恨的对象说出来，它们就无法愈合。这些伤口会不断恶化，因为我们始终陷在痛苦的状态里。我们可以余生一直忍受这种怨恨情绪，但这绝对不是一种有效的前行方式。

市面上有许多提升自信和技能的资源，可以培养你直接向当事人表达委屈的能力。[1-3] 在这一章里，我们将探索感激如何能在赋予我们直言不讳所需的勇气和技能方面起到特殊的作用。直接和伤害我们的人谈话可能很困难。我们当然承认这一点，但这一章主要提供我们在跨出这一步之前可以采取的一些渐进的步骤。每一步都是一种感激实践，它支持着解开怨恨心结的过程，直到我们遇上或许是最大的挑战：对于直面他人的恐惧。

我可以说出很多我在生活中逃避与令我感到怨恨的人直接对话的情形。一个特别的例子是在我攻读博士学位的那段日子里，导师对我漠不关心，我感到非常不公平。当时，仅仅是和他当面对峙的想法都会让我充满恐惧，而我如今想起来依然觉得胃里像打了个结似的。由于在我们的关系中，导师掌握着所有的权力，而我在知识、声望和大学里的任职岗位等方面都和他有着极大的差距，我觉得咬紧牙关、锲而不舍似乎比直接找他谈话安全得多。我现在意识到，我当时因为怨恨情绪过于强烈而无法克服痛苦，自然也就找不到合适的表达方式。怨恨夺走了我自己的声音，而我花了许多年才重新找回那个声音。

当我试图更换导师的时候，我被告知这也许会引起更多的不良后果，因为在其他同学和这位导师本人看来，我的行为很可能是颇具侮辱性的。维持现状是正确的决定吗，哪怕不公平的待遇不断升级？为了避免大概率出现的不良后果，当时的答案也许是"是"。但从另一个角度来看，我损失惨重。我的怨恨情绪通过丑陋的方式体现了出来——我背着导师在一些同学面前说他的坏话。这也许让我多花了一年时间才完成博士学业，并且剥夺了我做实际研究的快乐。就像我说的，因为我以这样的方式回应导师，我损失惨重。

我现在能够看清（尤其是我自己也成了一名博士生导师）我的导师当时已经尽力做到最好。他要同时应对很多需求，而我的论文只是其中之一。回过头去看，我还意识到我是站在理所当然的角度看问题，总想着我应该拥有什么，这可能让导师感到懊恼和厌恶。

当时，感激已经是一个在我的研究中逐渐显现的主题，而我甚至看不到这个事实背后的讽刺意味。参加研究的学生纷纷表示在提升他们积极投入学习的能力，以及提升和所学内容产生联结的能力方面，感激有着显著而积极的影响。由于我缺乏感激——我的感激完全被我对导师的怨恨情绪所取代——我的学习状态恰好和那些学生相反：我无法积极投入，和所学内容失去了联结。哎呀，那句话实在太对了——"我们教我们最需要学习的东西"。

察觉我们表达怨恨的方式

回看一下我们在第 2 章里对怨恨的本质进行的探讨：怨恨是一种被卡住的情绪，因为我们对对方竟然以这样的方式行事感到震惊，我们不知道该如何释放隐藏在表象之下的痛苦。我们也许还会为了对不公平表示反抗而采取某种道德立场，于是紧紧抓住怨恨情绪。尽管从文字游戏的角度来看，怨恨（resentment）需要"重新发送"（re-sent），但我们往往无法做到真正放手。

于是我们就回到了这本书的英文标题提出的问题：

"当我心中充满怨恨的时候，我该如何心怀感激呢？"在这一章里，我们将发现，解决这个问题的关键之一在于找到有建设性的、可以增加快乐和满足感的方法，来松开怨恨对我们的控制，这样我们就能以积极的方式"重新发送"它。

这个过程的第一步是识别我们可能采取的*具有破坏性的处理怨恨的方式*——我们认为我们在"重新发送"它，但实际上我们并没有。这通常会以两种形式呈现出来。第一种是我们把怨恨情绪内化，于是它会导致我们在这本书里已经提过的许多不适，比如溃疡、胃功能障碍、胃灼热、心肺症状、心脏疾病、运动不耐受、头痛、背痛、关节痛、失眠和精神压力。[4]

第二种具有破坏性的方式是背着对方偷偷说这个人的坏话。你肯定已经注意到我在书里数次提到"诽谤中伤"。我们试图通过语言来释放我们挥之不去的怨恨情绪，而通常这些话都带有"咬人"㊀的性质，会

㊀ 作者此处巧妙地玩了一把文字游戏。"咬人"的英语原文为 bite，和"诽谤中伤"的英语原文 backbiting/backbite 中的 bite 部分一致。——译者注

损害对方的名誉。我们可能采取的具体形式包括辱骂、散布流言、嘲笑、贬低、抱怨、责怪，以及说一些充满诋毁、愤世嫉俗或讽刺意味的话。

然而，诽谤中伤经常是无意识的行为。我们这么做并不一定是为了蓄意伤害对方或者对他们进行报复。它有可能只是我们处理痛苦、寻求他人帮助的唯一策略。在某种程度上，我们也知道这是具有破坏性的行为，但由于我们受到了深深的伤害，寻求公正的渴望是如此强烈，我们根本无法控制自己的行为。

当我们的韧性很低，压力水平很高，非常繁忙或过度工作的时候，这种表达怨恨情绪的方式就会变得更为普遍。如果它是公司文化的一部分，在我们周围的人的日常行为里不时出现，又或者我们处在一种几乎不感激或不在意人际关系的文化环境里，这种方式也会变得更为普遍。就像我们在上一章里讨论的那样，如果领导也存在这种行为，它就会变成一种常态，渗透到整个组织机构当中。

我们还需要承认一点：克制诽谤中伤的行为是相

当困难的。尽管我意识到自己经常在导师背后说他坏话，也清楚这么做给他的名誉和我自己的正直带来的损害，但这真不是我简单做个停止的决定就可以解决的问题。无论我怎么努力，我就是改不掉这个已经成为顽疾的坏习惯。此外，我因为他没有处理好我的学业需求而感到自己的期望被打破了。这种失落感非常强大，完全取代了我的意志力。

我陷入了一个恶性循环（它非常贴切）。我在怨恨导师的同时也被自我怨恨吞噬——我恨自己居然从事诽谤中伤的勾当。虽然我觉得导师对我不公平，但我也开始责怪自己不够坚强，没有一颗感恩的心。我在这种情况下无法找到那个"完美的"克丽㊀，所以我干脆放弃了。

恢复正直

所以，我们该如何前行，以确保我们的怨恨情绪能够通过更有建设性的方式"重新发送"？第一步是增强

㊀ 克丽为本书作者的名字。——译者注

意识。我们既要看清由怨恨情绪引发的行为，也要看清它所具有的负面影响。依我个人浅见，即使压抑情绪或诽谤中伤在很多情况下是常态，我们也绝不能接受这样的现状，认为这种行为没有问题。这一点很重要。

就像刚才提到的那样，在拒绝接受现状的同时，我们也要提醒自己，不要设定不现实的期望，认为那些破坏性的行为我们可以说停就停。此时，审视一下我们对"正直"这个概念的看法可能会起到一定的帮助作用。在我看来，正直并不意味着永远做出完美的选择，或是从来不犯错。正直说到底是我们及时意识到自己在为人处世方面偏离了理想的轨道，于是努力纠正错误，争取下次有不同的结果。换言之，正直不意味着从头到尾保持正确的航线。它是一种反思的过程，核心是在意识到我们偏离轨道后重新回到正确航线上来的行为。就我的经验而言，这是一项持续不断的工作。

套用到我和导师的例子上，当我意识到自己在诽谤他的时候，与其强烈地自责，不如反思整件事带给我的教训，争取下次遇到类似的情况时表现得好一些。或者有机会的时候说一些关于他的积极的话，来纠正自己之前说过的坏话。还有一个策略是努力建立更好的习惯，比如当周围的人都在嚼舌根，我很想加入他们的时候，我学着刻意转移话题。

每次我们克制通过贬低他人来"重新发送"我们受到的伤害的行为时，我们都打开了一扇门，让更多的感激有机会进来——不但是对对方的感激，也是对我们自己的感激。在更广的范围内，理想的情况是我们以建立更友善的环境为目标，这样一来信任和感激都会成为常态，诽谤中伤的行为也因此不太可能发生。

诽谤中伤和批判性思维的区别

许多人认为诽谤中伤的行为没有那么糟糕，因为在他们看来，这是智力达标的迹象。那些在公共领域（比如学术界）工作的人，以及认同自己的分析性、批判性思维人士身份的人，特别倾向于这种思维方式。我们把批判现状看成自己的事，而批判性思维往往是我们做着目前这份工作的动力所在。我们是受聘来发现问题、提出解决方案的。我们认为批判性思维和怀疑主义是高端的、值得钦佩的技能。没错，我们将它们视为需要好好珍惜和庆祝的权利。更进一步地说，许多人认为这种批判性思维背后的怨恨情绪，引发了全球范围内制止不公平现象的运动。他们认为不表达这样的怨恨情绪从道德层面来说是不能接受的，这会使我们变得冷漠和自鸣得意。正是我们的怨恨情绪让我们拥有了火花、棱角和改变世界的激情。

问题在于，西方世界对这个话题的争论和探讨有时基于一个错误的理念：批判和诽谤是一回事。我们在攻击别人想法的同时，也要攻击他们本人。

然而，我们必须意识到批判是一个综合衡量，或对各种因素进行评估，以判断在某个问题上采取什么行动的客观过程。我们的动机是为了获得真相或找到更好的答案而给现有的想法挑毛病。也就是说，批判指向*想法*。另一方面，诽谤则通常源自怨恨情绪，是指向具体个人的行为。

感激和诽谤无法共存，但是感激和批判性思维可以成为非常好的搭档。处于心怀感激的状态有助于我们打开思想和心灵，看清当下正在发生的事。它还可以帮助我们更清晰、更周到地进行思考和分析。[5]我们可以对自己正在分析的事怀有巨大的感激之情，同时也对它进行客观的评估，提出可以让它得到改进的想法。没错，这种感激的状态是一些著名的创新者的思想源泉。最典型的例子莫过于阿尔伯特·爱因斯坦。他在进行所有学术追求的时候都带着一种感激、敬畏和好奇的心态。

正如我在攻读博士学位期间发现的那样，藏在表象之下的怨恨和失望情绪使我分心。诽谤导师的行为非但没有唤醒我的清晰思维，反而制造了阻碍清晰思考和创造力的乌云。

无论我们做过多少集中注意力的训练，或是培养了多么强大的清晰思考的习惯，怨恨都有可能在我们的意识深处牢牢地控制着我们。可以说，只要怨恨存在，我们就几乎不可能完成专注的、积极的批判。此外，怨恨还会抑制我们的精神，因此抑制我们的灵感。如果我们诽谤或责怪他人，我们相当于把自己从相互联结的状态中分离出来。我们会破坏人际关系，把我们怨恨的对象变成敌人，并助长我们对他们的敌意。在很多组织机构里，这是真正具有创新性的、启发性的工作遇到的最大障碍之一。

选一个人见证我们的痛苦

读到这些内容，你可能会表示抗议，认为我剥夺了你唯一的保持理智的方法。举个例子，周五晚上在酒吧里向朋友汇报或吐槽这一周你所遇到的所有委屈，也许是解除怨恨、不再耿耿于怀的最有效的良药。它看上去像是唯一能给艰难的一周画上句号的东西。在它的帮助之下，你可以过一个轻松的周末，而下周也似乎变得更令人愉悦一些。

然而如果我们进行更深刻的反思，我们会发现这种行为往往只能暂时缓解怨恨情绪，并不能把它根除。我们最终反而感觉更糟，因为吐苦水的行为巩固了我们的立场，还把其他人牵扯进来，要求他们站在我们这边。这也势必阻止我们通过做有建设性的事来改变现状，或是承认我们是导致这段人际关系变得如此困难的原因。此外，我们的这种发泄行为，其实和我们控诉的吐槽对象的伤人行为具有相同的性质。我们通过语言来攻击对方，试图在这段关系中占得上风，但如果对方听到了我们的话，我们嚼舌根的方式一定会让他们对我们产生怨恨情绪。

　　我们通过诽谤他人获得的支持似乎很有价值，因为在那一刻我们不再感到孤独。但是，尽管从表面上看起来，通过分享委屈，我们和听我们吐槽的朋友变得更加亲密，或者说我们的联结得到了加强，真正的效果却往往适得其反。如果大家看到你能说别人的坏话，他们自然会得出结论：有朝一日你也同样能说他们的坏话。他们可能是对的。同理，如果大家看到你周一回去上班的时候变了嘴脸，对你刚刚诽谤过的人表现得温柔甜美，他们对你的信任也会遭到破坏。

　　一种更有建设性的处理怨恨情绪的方法是和一个值得信赖且有能力的倾听者诉说我们的委屈。这个人能够保持客观，对谈话内容进行保密，并且不轻易评判我们吐槽的对象。诽谤具有被动反应的特性，我们几乎不考虑自己的话会有什么后果，也不考虑我们在和谁说话。但是当我们刻意找一个人倾诉我们的委屈，并且给这段讨论设置一个明确的目标时，我们有意识的、主动出击的程度要高得多。如果选择后面这种处理方式，我们成功识别怨恨的原因并找到解决方案的可能性也会高得多。我们还可能更清楚地看到自己在出现这种局面的过程中起了什么作用。

相比起保持沉默、独自纠结，或是不顾正直、不考虑影响就脱口说出自己的委屈，这种带着明确意图说话的行为会激活一种不同的思维方式。它也会创造一种不同的说话方式——一种提升我们、使我们更正直的方式。

此外，我还推荐有意识地只找一个人来当征询意见的对象的做法。借用神秘主义者卡罗琳·密斯（Caroline Myss）的话，我们只需要"一位见证我们痛苦的目击者"，我们不需要和所有愿意听我们唠叨的人一遍又一遍地重复自己的委屈。就像我们在第 4 章里看到的玛德琳的例子，当她在消化职场的年龄歧视给她带来的痛苦时，她有意识地只找了莉亚一个人倾吐。我们如何通过选择分享对象来确立我们的意图，对保持我们的正直可谓至关重要。如果我们请对方见证我们的痛苦，他们可能会认为我们比较奇怪。但是，就像玛德琳对莉亚提出请求那样，我们可以询问对方能否接受我们和他们秘密地讨论一个我们关心的话题；请求对方不要评判我们吐槽的对象；承认我们只说了站在我们的角度看到的整件事的来龙去脉；明确表示此番谈话是为了更好地理解表象之下的潜在问题；并分享我们的目标：走出震惊和忧虑的状态，以确保和吐槽对象展开谈话的可能性是存在的。我们还可以在更清晰地了解自己的想法和感受这一点上向对方寻求支持，并主动排练我们可能会对令我们感到委屈的人说的话。

我们的目标是通过一种既能帮助自己，又不损害他人的方式来做这件事。我们带进这个过程的意识让感恩的心能够生发，因此这里分享的每一个步骤都可以被视为感激练习。

找到我们鼓起勇气直接说出自己委屈的"为什么"

到目前为止，我们已经探讨了意识到诽谤他人的后果的重要性，恢复我们的正直的需求，以及为了实现这个目标我们可以寻求的支持。接下来我们要更深入地探索为什么直接和当事人谈论自己的委屈可能很重要。

通过直接说出委屈的行为，我们和对方都能更彻底地察觉到这种怨恨的本质和它对我们的控制程度。在描述了我们破碎的期望或对方令我们感到自卑的方式之后，我们能够明确双方的界限，并坚持自己的价值观。尽管直接说出自己的委屈很困难，但这可能是让我们重新获得公正、公平的感觉以及最终获得内心的平静和健康的唯一方法。它也常常是恢复关系的唯一方法。

保持沉默不但会伤害我们，而且也让对方没有机会成长，没有机会考虑自己的行为给别人带来的影响，也许有一天他们会觉得有必要道歉。直接说出委屈对当事人双方来说都可以使无意识意识化，而沉默则经常给我们怨恨的对象制造困惑。他们往往能够感受到这段关系并非一切都好，于是不得不试着理解我们突然改变心意、诽谤或孤立他们的行为。这很可能会令他们对我们产生怨恨情绪。

如果在恰当的时机没有开口，而是继续容忍对方伤害我们的行为，我们会被视为对方的同谋。在权衡开口或沉默分别有什么后果的过程中，也许看清一点能给我们大胆发声提供足够的动力：如果伤害我们的人继续以这样的方式行事，他们不仅会给我们，还会给别人造成更多的伤害。一旦意识到这一点，我们也许就会觉得我们有开口的道德义务了。

我们都渴望在一个安全的环境里诉说自己的痛苦，没有恐惧，只有绝对的安全。这种经历会促使我们反思我们该如何创造这样一个环境，使别人敢于直接找我们谈话，并感到安全。在上一章里，我们看到西蒙是如何发现感激练习具有变革职场文化的巨大力量的。我们已经提过，允许别人直接对我们倾诉他们的委屈，是改善职场人际关系的最强大的方法之一。它使我们踏上解开纠结线团的旅程，创造充满信任的环境。只有在这样的环境里，感激才能生发。

也许你会问，为什么你需要自己去找对方谈话呢？为什么不能只发一封电子邮件，或者找个人替你和对方谈话，比如一位你信赖的朋友或同事？如果你感到自己处于危险之中，或是你缺乏足够的韧性开口，刚才说的这些也许是恰当的选择。但是，直接和对方谈话肯定有不少的好处。这么做，你们都能体验到彼此的真实。对方对你的痛苦有了真真切切的身体层面的感觉，因此更有可能意识到自己在造成这种局面的过程中起了什么作用。

此外，当我们说话的时候，我们思考或解决问题的方式和我们书写的时候有所不同，和我们保持沉默的时候更是有明显区别。说话这种行为会激活我们的一种不同的智慧，或许能使我们更清晰地思考，因此帮助我们前行，而非卡在原地动弹不得。

重新定义对抗

我认识的一些人完成了不可思议的壮举，比如攀登喜马拉雅山脉，从三次化疗中恢复过来，独自抚养五个孩子等，但他们非常害怕诚实地、直接地和别人讨论他们的怨恨情绪。在我的工作坊和读书俱乐部里，当我邀请大家考虑这种选择的时候，我多次从被邀请人的声音和表情里感受到了恐惧。我经常听到一句话："我宁可死也不直接和他们谈论我对他们的怨恨情绪。"他们往往很快就抛出"对抗"这个词。在他们看来，诚实地说出自己的感受等于投入战斗或进入冲突区域，他们需要盔甲来保护自己。

我再说一遍，我们需要承认这些恐惧的合理性，并在我们感到不安全的时候允许它们指引我们。这一点很重要。但是，如果指引变成了主宰，我们就会遇上无法前行的风险。伊丽莎白·吉尔伯特（Elizabeth Gilbert）在《去当你想当的任何人吧》（*Big Magic*）一书里提供了非常明智的建议，也许能帮助我们以一种不同的方式来看待恐惧，并允许它陪伴我们：我们需要我们的某些恐惧，因为它们在进化过程中扮演着重要的角色。但她也提醒我们有些恐惧是我们不需要的，知道两者的区别很重要。

她邀请我们对恐惧保持好奇心，在任何需要勇气的行动中都给它们留出足够的空间，而不要对它们持否定态度，或一味害怕它们。吉尔伯特表示这些恐惧没有决定权："你们可以坐下来，可以发言，但你们不可以投票表决。"⁶我们可以利用这种智慧，找到让恐惧乖乖听话的方式，这样一来它们就不能主导我们的决策过程，剥夺我们发声的勇气。

除了对我们的恐惧保持好奇心，我们还应该记住自我感激在重新定义对抗的过程中扮演的角色。勇敢发声是自我护理的一个重要部分。它有助于我们增强韧性，并建立清晰的界限。

我现在能够看清，在我攻读博士学位期间，我做任何事情几乎都从追求完美的角度出发，所以没有多少自我感激的空间。如果有，这势必会提升我的信心和自我价值感，我也就不会把我的个人力量都交到导师的手里了。那样一来，我也不会如此害怕他对我的控制。虽然情况比较棘手，但至少它很有可能带给我足够的智慧和信心，去找另一位导师。

然而，在那个时候，我把一切的自信表达都和惹麻烦等同起来。我很怕我被贴上"捣乱者"或"坏人"的标签。我奋力维护自己"调解人"和"好人"的形象（尽管我背着导师说他坏话也实在不是什么好人的行为）。我的父母经常用破坏性的方式来处理冲突。这样的成长环境给我留下的伤疤使我畏惧任何形式的对抗。多年来，我已经意识到我不但接受了"好人"的标签，而且事实上"好过了头"，所以在面对那些比我强大的人的时候，我往往会感到自卑，因而心生怨恨。

采纳伊丽莎白·吉尔伯特的建议，带着好奇心去理解我对对抗的恐惧——哪怕是这么多年以后——帮助我看清了一点："好人"和"自信表达"这两种特质是可以健康共存的。我还意识到，两者非但不是彼此排斥的关系，而且事实上可以相互补充。

如果在和导师发生冲突的时候我能更充分地践行感激，我可以先从换个角度看待他这一点开始尝试。我要承认他是一个人，而不是掌握着所有权力的某个角色。无论在过去还是现在，他都首先是一个人。如果我能更充分地关注我对他的感激之处，我或许能提升自己的共情能力，看到他当时所承受的巨大压力。对我来说，我们之间的关系很重要，其重要性和完成我的博士学业的重要性不相上下。这种认知的力量原本应该胜过我对直接找导师谈论怨恨情绪的恐惧。

归属的需求

说到直接和对方谈论我们的怨恨情绪，最大的恐惧之一是我们将遭到对方的拒绝，以及在更广的层面上，遭到他们的朋友或同事的拒绝。

著名心理学家亚伯拉罕·马斯洛提出，人们在生活中的各种动机可以通过他们满足需求的策略来解释。[7] 在他的需求层次理论中，马斯洛认为在生理需求（比如食物和住所）之后，人们有安全的需求，而在安全需求之后紧接着是爱和归属的需求。不先满足安全、归属这些排在前面的需求，我们就不可能达到自我实现的终极目标。如果直接和某人谈论我们的怨恨情绪是自我实现的标志，那么也许归属就是我们首先需要满足的需求。获得了归属感，我们才能带着智慧和对方开诚布公地进行讨论。

这可以通过几种形式表现出来。我们刚才提到，你也许害怕突然和对方讨论你对他们的怨恨情绪会导致你被他们拒绝，或是被你所在的群体拒绝。又或者，为了规避被排斥的风险，你不得不保持自己一贯的行事风格，对此你已经感受到了一些压力。对于在一个小镇或社区生活，或者在一个大家已经认识你很久、期望你以某种特定的方式行事的地方上班的人来说，这个问题会更加严重。如果一个群体经常有诽谤、责怪他人的行为，而你一直依靠同样的行为来融入这个群体，那么突然停止这种行为很可能会有风险。其他人或许会觉得你不再是这个群体的一部分，又或者觉得你扮清高，认为自己比他们优秀。此时，归属的需求胜过了善良的需求。

我相信在*感激*是常态的文化或社区当中，人们有一种更强烈、更真实的归属感，不会被融入群体的需求所支配。回到马斯洛的需求层次理论，归属的需求可以通过接受来自他人的*感激*得到满足。

重视关系

我们对在和别人的交流过程中犯错这一点感到恐惧，充分展示了在我们生命的核心处，我们和别人具有多么高度的相关性。出于本能，我们非常关心自己生活中那些核心关系的安全和稳定程度。这是确保我们没事的一种方法。

当然，我并不是建议我们和伤害我们的人成为最好的朋友。我的基本信念是我们对和谐的人际关系的在乎程度，也许比我们意识到的更深。否则，我们不会如此害怕伤害对方，或者害怕这段关系可能发生改变，又或者害怕一段受损的关系对我们和我们周围的人有什么影响。正因如此，在刚开始和对方讨论我们的怨恨情绪的时候，不妨先来一句非常有力的陈述："因为我们的关系对我来说很重要……"

我们可以通过感激练习来提升这句话背后的诚意。当我们主动寻找别人的闪光点，并记住我们从对方那里收获了什么东西的时候，我们更能远离对抗的关系模式，朝着恢复与和解迈进。我们的出发点是他们给予了我什么，而不是他们从我们这里夺走了什么。这往往可以使双方的互动有所缓和，于是对方感到被冒犯的可能性也会降低。所以，我们的关注焦点是别人的内在价值，而不是我们对他们的怨恨情绪。

＊＊＊

在这一章里，我们探讨了在修复困难的人际关系这个领域里最棘手的难题之一：直接和给我们造成痛苦的人对话。我们已经了解到，先识别我们具有破坏性的表达怨恨情绪的方式，然后进行感激练习，使我们能够以具有建设性的、主动的方式来"重新发送"怨恨情绪，这一过程非常重要。我们也看到我们做的选择如何对保持我们的正直产生重大的影响，所以我们应该有意识地、有目的地选择我们需要的支持，以确保我们能够处理我们的痛苦。和我们的恐惧成为朋友，重新定义我们对对抗的理解，这样我们就能把它视为开始厘清困难的人际关系的积极方式。这一点很重要。我们需要建立强大的界限，并且只在感觉对路的情况下才开启这些步骤。自我感激在提醒我们这一点上发挥着重要作用。

我们已经看到，即使在一个熟悉的文化环境里诉说我们的痛苦也往往是相当困难的事。在下一章里你会发现，当我们试图和来自不同文化背景的人进行这样的交流时，事情会变得更复杂。拓宽我们对感激和怨恨的跨文化表达的理解可以提升我们的共情能力，让我们更能对那些难以融入其他文化的人感同身受，并因此提高我们的沟通技巧。

第 9 章

跨文化差异

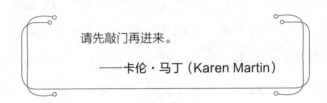

请先敲门再进来。

——卡伦·马丁（Karen Martin）

文化背景

到目前为止，我们的探索都是在西方文化的背景下展开的。虽然这本书里大部分关于感激和怨恨的讨论对各种文化都适用，但有一点很重要，值得引起大家的注意：在进一步解开心结的过程中，我们需要在某些方面考虑文化差异的因素。

在这一章里，你会读到一些我从一个西方人的视角讲述的故事。它们取材于我在国外工作和旅游的经历，或是我在和来自不同文化背景的人建立关系的过程中发生的轶事。感激的跨文化表达是一件非常复杂的事情，需要考虑很多因素。为了让大家尝尝鲜，有个总体的印象，我将讨论澳大利亚土著文化和托雷斯海峡岛民文化的例子。此外，我还会涉及非洲土著、伊朗人和中国人的文化。请注意，这些内容都是我的个人理解，必然受到我自己的文化背景的影响。我的目的不是加强刻板印象，而这些例子也肯定不能看作对来自这些文化背景的人的概述。

说到我们即将探讨的来自某些文化背景的人，我还没有提及他们遭受的代际创伤、不平等和压迫之类的重大历史背景，以及该背景对他们感受、表达感激和怨恨情绪等方面的影响。我也同样没有详细叙述性别或代际差异是如何在这些情境中发挥作用的。

通过探索这些故事，我们旨在实现两个目标：第一，我们可以揭示感激在不同文化中的一些丰富维度；第二，我们能够学着在给予和收获感激的时候更具有文化意识，以避免沟通失败的情形。事实上，如果我们希望和来自不同文化背景的人建立牢固的关系，最好的方法之一便是加深对他们如何表达感激和怨恨的理解。如果不考虑这些方面的差异，我们甚至会发现双方的日常交流都可能出问题，进而导致冲突。仅是这一点就证明了感激和怨恨对我们日常生活的运作有多重要。

在日常的怨恨方面，一个常见的困难情形是：如果我们和来自不同文化背景的人打交道，我们害怕自己在不经意之间侮辱了对方，于是我们不敢直接谈论我们的怨恨情绪。这个问题可以达到如此严重的程度，以至于移居海外的人经常发现他们要完全改变自己原有的性格才能融入新的环境。相比之下，为了不冒犯别人而保持沉默、三缄其口，要简单得多。而这种简单的做法又会增加他们的怨恨情绪——因为他们不但没法以希望见到的方式来表达自己的想法，而且根本就不能表达自己的想法。

就像我们刚刚讨论过的那样，即使在同一种文化背景下直接表达我们的怨恨情绪都是非常复杂的事。比如，我们当中那些有盎格鲁－撒克逊民族背景的人，可能从小到大都受这样的习俗影响：不计一切代价保持相安无事，不外露情感，不冒险破坏现状。我常常在想，这种文化影响也许正是悄悄诽谤中伤他人的行为在某些情况下似乎可以令人接受的原因所在。

这样的行为和有意大利或其他南欧背景的人的惯常做法形成鲜明对比。后者以公开地、情绪激昂地表达委屈的能力著称，他们往往口无遮拦。举个例子，那些曾经有幸沉浸在埃莱娜·费兰特（Elena Ferrante）⊖

⊖ 意大利当代匿名作家，代表作《那不勒斯四部曲》在全球范围内引起轰动。由于作者本人从来不出席任何宣传活动，没人知道其真实身份。——译者注

的小说里的读者可能会注意到"怨恨"这个词被提及的频率有多高。她详细地描述了在那不勒斯这座城市里，怨恨是如何通过主人公的语言和行为展现出来的。

我首次尝试从跨文化的视角对感激进行研究，是以澳大利亚的原住民文化为背景的。通过这项研究，我接触到了土著学者卡伦·马丁的精彩论文《请先敲门再进来》。[1] 她的文字不但给我提供了在做研究时需要遵循的理念，还对我在试图了解来自不同文化背景的人的时候应该注意些什么做了示范。卡伦·马丁提醒我们，我们对任何文化的理解都只是我们自己的诠释，未必能一概而论。就像她说的："最终，'代表我们的世界'是我们通过自己的程序来明确表达我们的经历、现实和理解的行为，是我们只能为自己做的事。"[2]

关于感激和怨恨，每一种我即将讨论的文化都有许多可说的内容，它们都值得至少单独写上一章。但是，这本书毕竟不是人文习俗方面的著作，所以我只试图抓住一些在我看来是重要文化差异的精髓。我把关于怨恨的讨论限制在两点上：第一，我们如何向给我们带来痛苦的人表达怨恨情绪；第二，某种文化认为这样的行为是理所当然的，还是禁忌的。

澳大利亚土著文化和托雷斯海峡岛民文化

澳大利亚的原住民文化具有高度的多样性，在包括澳大利亚大陆和托雷斯海峡的地域上总共分布着250个以上的语言群体。每一种语言都针对一个特定的地方、当地的人民和他们的文化习俗。

凯蒂是一名有着盎格鲁－凯尔特族裔澳大利亚人背景的教师。她前不久开始在澳大利亚一个偏远地区的土著社区学校教课。最初，她非常惊讶地发现她的学生或其他的社区成员很少对她表示感谢。当她把批改完的作业交回学生手里的时候，他们往往拿了就走，什么也不说。一开始，凯蒂认为这种态度很粗鲁，但她后来不禁感到困惑，心想是不是他们不喜欢她，或者她无意冒犯了他们。

由于凯蒂之前教的学生主要是欧美人，她早已习惯了通过对学生表达感激来和他们建立牢固的人际关系的方式。可当她用同样的方式和土著学生交流时,孩子们只会转过头去或者直接走开,好像她什么也没说一样。凯蒂这种非常外露的表达方式不受土著学生的欢迎,是因为这种方式没有表现出对土著学生的文化背景的理解和敏感。这种表达方式对他们来说很奇怪,因为他们在成长的过程中没有听过如此热情洋溢的感谢之词。

在这个社区待了几个月后,凯蒂才终于能够理解当地居民表达感激的不同方式。她之前对他们进行了评判,想当然地认为感激不是他们交流或文化的一部分。她为此感到羞愧。事实上,感激深深扎根于他们的文化,只不过他们的体验方式和大多数西方人的截然不同。在土著文化中,根深蒂固的感激早已通过欣赏与尊重表达出来,对象包括相互关联性、人际关系、社区和祖先——无论是过去的还是现在的。一名土著妇女告诉凯蒂:"我们不对个人心怀感激,我们对整个族群心怀感激。这种感激还把我们和祖先联系到一起。"这是和其他西方个人式的感激完全相反的体验。

凯蒂发现,公开地对某人表达感谢这种西方传统在当地没有存在的必要。社区居民认为这种热情洋溢的方式有些过火。事实上，他们的语言里甚至没有"谢谢你"或"感激"这样的词汇。[3]之所以没有必要，是因为感激早已通过大家的相互依赖和相互联结成为当地文化不可分割的一部分。艾琳·莫尔顿－罗宾逊博士（Dr. Aileen Moreton-Robinson）是一名澳大利亚学者和原住民活动家。她这样描述土著的认知方式："每个人都体验到自己是他人的一部分，而他人也是自己的一部分。这是通过互惠、义务、共同经历、共存、合作和社会记忆习得的。"[4]

对这个社区的居民来说，相互关系是他们身份认知的核心部分。通过有意识的感激表达来吸引注意只会让大家质疑这种认知。就像卡伦·马丁说的那样："……这种相互关系的程度非常深，有着强大的力量。它指引着我们的生活。它就是我们的'法律'……"[5]此外，虽然我们倾向于依靠感激来维持关系，但土著文化往往选择其他方式，比如讲故事和共享仪式。当我们遇到某个来自其他群体的人的时候，两个问题很关键：首先，谁是和你同一族群的人？其次，你从哪里来？对方在回答问题时所说的故事对维持和尊重你们的关系很重要。

想对学生表达感激，凯蒂首先需要从他们在社区中的人际关系的角度来看待他们。她需要和这个社区的居民一起做事、共度时光，以便对大家有所了解。她让学生牵线搭桥，把她介绍给照顾他们的人。接着她和那些人一起出门、一起吃饭，她还努力找出对那些人来说很重要的东西。直到这时，她才学会最恭敬和恰当的对学生表达感激的方式——对照顾他们的某位长者表达感激。

凯蒂渐渐发现了学生们不感谢她或对她的感谢无动于衷的另一个理由：他们已经有非常深厚的定力，知道自己是谁、如何与他人建立关系——他们拥有一种通过在如此强大的社区里成长起来的经历而获得的耐心、坚定和韧性。

随着时间的推移，凯蒂还了解了这个社区的居民是如何处理怨恨情绪的，这对她来说也是个颇为深刻的教训。举个例子，如果学生觉得受到老师的轻视，他们会和负责照顾他们的长者交谈。这位长者再和学生一起去学校找老师面谈。学生必须在场，这样他们才能学习如何带着敬意处理这样的情形，以及如何遵守社区的习俗。从出生之日起，社区里的土著孩子就被视为未来的长者，所以他们从来不会被排除在任何可以向现任长者学习的情形之外。

非洲本土文化

我很荣幸受到祖鲁学者兹克莫（Zikomo）的邀请，在南非当了一段时间的访问学者。正是在这里，我发现尽管感恩仪式在我们西方人的日常关系里占有重要的地位，和祖鲁文化相比，我们通常表达感激的方式还是显得相当贫乏。我还意识到，虽然各种本土文化有相似之处，比如成员间的相互依赖以及关系的重要性，但是它们也存在重要的区别。简单地对所有本土文化一概而论将是个巨大的错误。而且，就像在澳大利亚土著文化和托雷斯海峡岛民文化的例子里提到的那样，即使在非洲的本土文化范畴里，部落和部落之间也有许多的文化差异，每个部落都有专属于自己的独特文化。此外，有些群体拒绝被定义为"本土的"，因为他们认为这是个具有限制性的现代类别。

兹克莫邀请我一起远行，去津巴布韦边境的一个村庄看望他的父亲。一路上，他和我分享了祖鲁文化中许多关于感激的故事和民间传说。我发现感激在祖鲁文化中通过许许多多的仪式和符号表达出来。比如，人们在固定的日子对死去的亲戚表示感激，孩子也通过特定的方式对家长表示感激。数以百计的故事、寓言和神话——它们大多以口述的形式代代相传下来——都以感激的表达为主旨。

当我们抵达村庄的时候，我注意到尽管周围的许多房子都条件普通、破旧不堪，兹克莫父亲的房子却建得不错，看上去比较新。车道上还停着一辆锃亮的新车。在我们的回程途中，我才得知兹克莫拿出他的部分工资来支持他的大家庭。在他刚开启学者生涯的时候，他就职的大学按合同规定送了他一辆新车，而他立刻就把这辆车转送给了他的父亲。他的这些行为都体现了他对父亲的感激之情。虽然他自己也有4个孩子，需要乘坐2趟火车，再顶着炎热的天气、沿着陡峭的山坡走上一段长路才能到办公室，但是兹克莫每天都心甘情愿地忍受这些，因为他的心里充满了对父亲的感激。

听完这些我深受感动，但最初也有一点点震惊。在我进一步了解感激对乌班图（ubuntu）有多重要之后，这一切在我看来就完全说得通了。乌班图是一种源自南非的精神，但它已经在更广的层面上成了指引非洲本土文化的准则[6]。总体说来，乌班图的意思是"个人因他人而存在"（umuntu ngumuntu ngabuntu）[7]。你和我是如此相互关联，以至于我感受到的任何感激之情，原本就是对你的感激之情的表达。乌班图的基础是一种谦逊的和睦状态，以及强烈的人性、关爱、分享、尊敬、同情心和其他相关的价值观念。对他人的关心高于对自己的关心，这一点最重要。

兹克莫解释道，感激的表达对当地居民在日常交流中保持乌班图的活力非常重要。如果没有这些表达，当事人会被他人看成不文明的典范。事实上，在传统的部落环境中，这些表达支撑着整个村庄的运行。

就澳大利亚的土著文化来说，个人感受不是感激的起点，人际关系才是。但是，澳大利亚的土著文化和非洲的本土文化的一个关键区别在于：后者对遵守大量围绕着感激主题的仪式的需求远高于前者。作为乌班图精神的一分子，个人通过表达感激来展现其文化、成功、品质、文明和高雅。

祖鲁文化认为，个人需要在给予的过程中失去一些东西，有一种做出牺牲的感觉，感激的表达才显得足够真诚。所以，来自这种文化背景的人不仅仅是给予一些让他们觉得舒服的东西，因为那样的行为不被视为真正的感激。这并不意味着每个人都要走极端，送父母一辆全新的汽车，或是选择其他夸张外露的方式。说到底，礼物背后的心意才是真正重要的东西。来自这种文化背景的人会对别人做的任何表达感激之情的事都充满谢意，因为他们关注的是这份礼物的来源。它有单纯的让对方开心而又不求回报的意图吗？如果答案是没有，那么这份礼物就会被视为不文明的。

不论具体的礼物是什么，最好的展示感激的方法是让自己有好的表现，通过这份礼物把自己打造成一个更优秀的人。因此，你给予或收获感激的方式跟你的品质和你的成功紧密相连。一种常见的表达感激的方式是对穷人和那些生活条件不如你的人提供帮助。如果你这么做，整个社区都会尊敬你。一个诚心感恩的人会被他人视为有良好文化的代表和榜样，这在社区范围内是一种莫大的荣誉。因此，表达感激是非洲的本土人打造他们的品质、名声和自己在社区中的地位的方法。

祖鲁文化对怨恨的容忍程度远不如西方文化。祖鲁文化的许多仪式旨在帮助当事人识别怨恨情绪，并采取一些实际行动来处理这种情绪。这是因为怨恨通常被视为一种邪恶的表达、一种不文明的力量。正如兹克莫描述的那样："在我们的文化背景下，怨恨的典型就是我们所说的蛇蝎心肠的人。"当某人注意到别人的怨恨情绪时，前者会觉得自己有责任做些什么，帮助后者消除这种邪恶的表达。兹克莫举了个例子：当一对夫妻在婚姻中产生怨恨和冲突的时候，社区里的长者会及时注意到这一点，让他们分开居住一段时间。

西方人通常从非常个人的角度和水平来感受怨恨，而且认为采取某些行动来处理这种情绪是个人的责任。

在祖鲁文化中，处理由怨恨所引发的有害行为是整个社区的共同责任。此外，如果当事人耿耿于怀，或者通过负面的方式来表达这种情绪，是会被整个社会所排斥的。在祖鲁文化中，一个人以文明的、主动的方式处理怨恨情绪的能力会被用来判断这个人是不是一个好人、是否成功——按兹克莫的定义来看，就是"对生活感到满足"。

伊朗文化

米娜是我在工作坊里遇到的一位来自伊朗的研究生。这个工作坊旨在促进学生和导师之间的交流。她在这方面遇到了巨大的困难，所以被工作坊的主题吸引："通过践行感激来改善导师和学生之间的关系"。在工作坊的研讨环节中，我能感受到米娜的不安。当她听到其他学生由衷地感激自己和导师之间的顺畅交流时，她觉得十分困惑。工作坊结束后她单独向我请教了她的难题。

米娜热情洋溢地告诉我，感激对伊朗人民来说是表达灵性的重要方法。事实上,感激是他们彼此打招呼的方式。当他们问别人"你好吗"的时候,对方回答的第一句话总是"感谢上帝,我身体不错"。

米娜对感激在澳大利亚的研究领域里是否起作用持怀疑态度。她激动地转述了发生在她自己身上的故事。当她刚到澳大利亚的时候,她通过给导师送礼的方式来表达自己的感激之情。她说送礼是伊朗人民传统的表达感激的方式,尤其当对方是有着崇高的社会地位的长者(比如大学教授)的时候。不送礼会被别人视为粗鲁的行为,何况她还希望向这位导师展示,她对导师愿意收她做学生充满了感激之情。

然而,当导师告诉米娜她不想收任何礼物的时候,米娜有一种被冒犯的感觉,看起来非常沮丧。导师还让她停止在电子邮件里没完没了地向她致谢的行为。她说自己不需要这些感谢,因为她只是在做分内事而已。米娜觉得导师实在有些铁石心肠。米娜有那么多的感激需要释放,却苦于找不到出口。

米娜还逐渐和导师在研究主题的方向上出现了分

歧。她觉得导师没有花足够的时间来了解自己的兴趣所在和希望集中研究的领域。但是，在伊朗文化中，学生是绝对不能质疑导师的。这会被视为一种彻底的侮辱行为，导师和学生的关系会被切断，或是陷入很难解决的困境之中。米娜极其害怕开口，害怕自己失去奖学金，甚至被赶出澳大利亚。她就这样一直从事着一项自己没有兴趣的研究，因为她相信她必须按导师的话行动。虽然这种情形让她的压力越来越大，她对质疑权威的恐惧依旧让她觉得自己没有任何其他选择。

通过我们的对话，我收到了清晰的信息：在伊朗，人们不允许自己直接对当事人表达怨恨情绪。他们会选择终止这段关系。米娜还和我分享了她母亲最近的例子。米娜的母亲过去30年一直很开心地为一家公司打工，还有1个月就要退休了。但就在这最后的一小段时间里，她遭遇了职场霸凌，好几位同事都对她视而不见。她没有和他们正面讨论这个问题，而是突然离开了公司。

米娜想了解更多我们在工作坊讨论的关于主动表

达怨恨情绪的策略。当她得知自己可以尝试解开心结的方法，采取具体的步骤以确保她能够和导师谈论自己的担忧，且不用面对她想象出来的负面结果的时候，她顿时如释重负。

中国文化

我对感激和怨恨在中国文化里的微妙表达略有了解，而我的理解都来自我和我的中国学生的讨论。其中一位是职前教师余燕（音译），她后来去了一所澳大利亚的高中教中文。作为工作的一部分，她需要对在学校公寓里居住的国际学生提供精神关怀和语言支持。

刚开始在那里教课的时候，余燕收到了许多来自其他职员的请求，这让她颇为担忧。他们希望她能帮助来自中国的学生用更有礼貌的方式和他人进行互动，尤其是在表达感谢的时候。余燕感到非常震惊，因为和她教的许多西方学生相比，大部分的中国学生都极其有礼貌。但是，因为一个很大的差别，他们受到了员工的评判：他们没有开口表达自己的感激之情。

中国的家长通常不指望孩子对他们表达谢意。刻苦学习以取得最佳成绩是至关重要的目标，所以家长更希望孩子专注于学业，而不要去担心感谢他们的问题。此外，如果年轻人一本正经地感谢父母或密友，这会显得多余，并且"太俗气了"。这么做可能让他们感谢的对象觉得自己被当成一个陌生人来对待，因为表达感激的行为在亲密的人际关系里是没有必要的。

由于中国是一个集体主义社会，感激早已是中国文化根深蒂固的一部分，而不是某种需要公开表达的东西。许多中国人都认为西方人表达感激的方式很别扭，所以他们对如何接受来自他人的感激以及如何向他人表达感激都颇为挣扎。他们还会觉得如果尝试西方人表达感激的那一套，自己可能会在同伴面前丢脸。

这是来自中国的国际学生可能没有通过老师习惯的方式对老师致谢的一个主要原因。即使他们很想表达感激之情，许多中国学生也不知道如何用西方人习惯的方式来表达。类似地，当某位老师感谢学生的时候，他们也不知道该如何回应。他们可能需要学习一些从西方文化的角度来看比较合适的方式，比如微笑，或者感谢老师的认可。

这是否意味着中国人缺乏感激之情？绝对不是。感激对中国人来说是一种内在的感受，所以表达出来的方式也有所不同。中国人有许多关于无言感激的极好的例子，尤其值得一提的是通过做一桌丰盛的饭菜来表达自己的谢意。中国人也许没有明确使用语言，但对他们而言表达感激之情的行动很重要，可以说始终存在。至于感激父母，这是中国的孝文化的基石——所谓孝顺，就是孩子通过尊敬父母、承诺照料父母的方式来展示他们的感激之情。我再说一遍，放到教育的背景下，他们会通过好好学习、在学业方面追求卓越来表达对父母的感激。

余燕通过对每天给学生做可口饭菜的厨师表达感激的例子来教中国学生，在西方的文化背景下，典型的给予和收获感激的方式是什么样子的。她帮助中国学生排练他们要对厨师使用的具体文字，然后不断重复这些话，直到大家都觉得舒服为止。感激厨师在中国不是一种常见的做法，而厨师也永远不会预期从餐厅的客人那里得到感激。就像之前提过的那样，中国人一旦公开地说出感谢的话，无论是给予者还是接受者，都会觉得有些别扭。

然而在澳大利亚寄宿学校里工作的厨师如果始终听不到对自己表示感激的话，最终可能会失去动力或自信，又或者像这个例子里的厨师一样，对学生心怀怨恨。一旦学生开始对厨师表达感激之情，他们立刻注意到他比以前开心，也更多地对他们微笑了。这帮助他们明白了一个道理：一个如此简单的表达竟然对他们和厨师之间的联结有这么大的影响。同理，当他们对其他员工表达感激之情的时候，双方的关系也得到了明显的改善。

余燕告诉我，她在澳大利亚读大学的时候，最大的困难之一便是找老师谈话，请老师给她的作业重新打分，或者如果她觉得自己遭受了不公平的待遇，直接和老师讨论她的委屈。在中国，对谁诉说你的委屈是很有讲究的事，比如你可能不会考虑将你的长辈当作诉说对象。余燕不清楚该怎样处理这种情形，而她最大的恐惧就是如果她直接找老师谈话，会造成两人关系的不和谐。

在中国文化里，解决委屈的方法是用一种比较外交的方式来询问当事人，而不是直接和他们对抗。中国人试图找到一种颇具创造力的方法来绕开问题，以达到他们追求的结果。在这个例子里，余燕通过不停地向老师提问来获得反馈，而不是直接表达对老师的打分有意见的想法。

在中国，人们对关系的和谐高度重视，而对抗则被视为破坏这种和谐的因素。雇主和员工的关系、父母和孩子的关系、丈夫和妻子的关系等，都建立在几百年的传统之上。在这些关系当中，尊敬是以同意为特征的——即使这种同意由怨恨支撑起来。直接和引起我们的怨恨情绪的人谈话，会制造一种破坏坚实基础的恐惧。

这通过著名的中国成语得到了很好的体现：大事化小，小事化了。或者用直白一点的话说：先让问题听上去不那么严重，然后再把它降低到零的程度。

对差异心怀感激

在这一章里,我们探讨了一些由文化差异造成的感激和怨恨的不同表达方式的例子。这对丰富我们自身的理解有着潜在的影响,我们也因此加强了意识,更清楚地知道了解文化差异对保持日常交流的顺畅有多重要。我想再强调一次,上面这些都是有限范围内的个例,我分享的目的是邀请大家对不同的文化背景所带来的冲击进行更深入的研究。正如我们所见,当我们和一个来自不同文化背景的人交流时,一种充满敬意的"请先敲门再进来"的方式是首先巧妙地找到办法去理解对方是如何表达感激和处理怨恨的。通过欢迎差异并从中吸取教训,我们可以避免无意识地期望别人按我们的文化规范来行事,进而避免我们因为他们没有这样行事而产生怨恨情绪。

通过看到来自不同文化背景的表达感激的方式,我们会对自己文化背景下的感激有更深的理解。我们可以看到它在哪些方面的展现形式很丰富,而在哪些方面还有提升的空间——只要我们愿意学习各种各样其他文化背景下表达感激的方式。这并不意味着如果别人的方式对我们来说很别扭,我们也必须采纳。在很多情况下,这么做不但会让我们自己觉得奇怪,也会让来自不同文化背景的对方觉得奇怪。但是,跨文化的意识对顺畅的交流是至关重要的。它可以使我们表达感激的行为更有意义、更诚挚。

第10章

小行动,大作用

> 用温柔的方式,你也可以震撼整个世界。
>
> ——圣雄甘地(Mahatma Gandhi)

我对怨恨本质的深刻理解帮助我看清了一点：克服怨恨情绪是我们作为人类所面临的最大、最重要的挑战之一。但是，我们也有很强的为觉察到的错误寻求公正的动力，而正是这种动力给我们提供了道德指南针，让我们对自己如何受到公平对待、他人如何受到公平对待有明确的期望。虽然我们很希望怨恨彻底从我们的生活中消失，或者活在一个没有怨恨的世界里，但是如此美好的情景实在难以想象，因为在现实世界里，我们每天都面对着各种不公平的现象。不过，我们能够拥有的——我也希望这本书已经为大家提供的——是看待怨恨的一种不同视角，以及处理怨恨情绪的策略。拥有了这些，怨恨就不会扎根得那么深，停留得那么久，或在日常生活中具有如此强的破坏性。我觉得最好的，可能也是唯一的实现这个目标的方法，是找到我们内心真正的感激之情，并且一有机会就践行这份感激。

我经常被问到怨恨这种情绪是否有问题。也许这看起来比较极端，但考虑到我曾说过怨恨似乎是我们不可分割的一部分，我的回答是怨恨的确有问题。所以我们应该竭尽所能去打造让怨恨无法扎根的文化。这意味着承诺改变我们思考怨恨的方式,无论是我们自己内心的怨恨,还是在我们生活、工作及娱乐等各种环境里出现的怨恨。

然而,怨恨同时也是我们可以学习且必须学习的对象。通过这种方式,我们能够勇敢地说出我们的真实想法,从而有建设性地处理生活中的种种不公平情形。这个学习过程包括:识别怨恨情绪盘踞在我们内心的什么位置,找出它的原因,并就我们如何回应做出不同的选择。感激可以发挥着独特作用,提醒我们这样的选择不但可能而且必要,只有这样,我们才能恢复自我能动性和相互联结感的关键部分。如果我们选择把注意力转向我们对对方心怀感激的理由,我们就能够逐渐松开怨恨的束缚。矛盾的是,来自他人的怨恨能够起到镜子的作用,向我们展示我们在哪些方面对对方或是对生活中的其他人心存怨恨。启动解开心结的过程的最快方法是先反思我们可以做出什么样的改变。

当我们心存怨恨,并且允许愤怒或失望的情绪在心里溃烂的时候,我们等于把自己放到了纳尔逊·曼德拉曾经描述过的一种情境里:"怨恨就像是自己喝着毒药,然后希望它杀死你的敌人。"给保持怨恨的行为开绿灯会毒害我们的健康、我们的人际关系、我们的环境和我们所处的整个社会。与此同时,允许怨恨继续还会使感激无法生发,无法发挥感激使人更加快乐满足的作用(包括帮助关系蒸蒸日上),以及无法在关系破裂时对它们进行修补。

如果你已经读到这本书的尾声,但仍然感觉自己还有很长的路要走,放心,你不是一个人。我从事这个话题的研究已经超过 25 年,但我的心里依旧有一些尚未消除的怨恨,我也依旧感到很难在某些关系里找到值得我心怀感激的元素。又或者,我依旧能感觉到别人对我的怨恨情绪。如果我一听到某人的名字就不由自主地胃部收紧,或者因为某人参加某个聚会,我就主动避开那个场合,又或者我能很轻松地加入一段诽谤某人的对话,那么我就会意识到:还有很长的路要走。然后我会明白,我仅仅解开了自己部分的纠结线团。

如今一个主要的不同之处在于,当我意识到我仍然心存怨恨的时候,它不会再对我有像以前那种程度的影响力了——以前我总是感到很失败，急着评判自己，并且因为无法前行而感到羞耻。这是进步。正如我在这一章开头所说，克服我们的怨恨情绪是人类最大的挑战之一。

由于心存怨恨，我们经常等着别人来修复关系或跨出和解的第一步。但是，如果我们能够主动地处理别人对我们的怨恨情绪，我们就更容易获得内心的平静，也更容易和别人和谐共处。这正是我们在每天结束之际应该不带评判地反思三个问题的原因所在。这三个问题分别是：我有没有在某种程度上打破某人的期望？我有没有让某人感到自卑？如果有，明天我该如何处理这种情形？每天反思这些问题是我们能够采取的最有力的行动之一。

我们在允许关系不断恶化的过程中多多少少发挥了一些作用。勇敢面对这个事实最终可以使我们获得解放，朝一种基于感激的新方法迈进。

我们需要抵抗把感激看成一种快速的解决方法的诱惑。感激应该被视为一种练习，因此我们不可能把所有事情都做对，那种情况只有在经过很长一段时间后才可能发生。既然是练习，那么我们随时可以从卡壳的地方出发，利用我们一路上已经学到的知识，以及我们从能够实现自己的目标的情境里感受到的鼓励，继续尝试。感激练习的好处在于，它引导我们关注自己更崇高的部分和我们对改善人际关系的承诺，而不去关注怨恨的细节和它给我们造成的痛苦。我们会记起自己的好，我们从别人那里得到的好，以及我们从生活本身收获的好。

那么，现在来概括一下要点：要把感激当作一种练习，比较有益的做法是一次只关注一段关系，并且在同一段时间内只尝试一种感激方式——当然是选择一种既真实又可以实现的感激行为。此外，自我感激对认清我们在任何特定时间点能够为他人付出的程度至关重要，它可以帮助我们保持清晰的界限，确保我们采取我们能够接受的处理怨恨情绪的步骤。也许我们需要先关注生活中那些比较容易找到感激理由的方面，并用对它们的感激之情填满我们的存在。这将有助于我们建立韧性。

我们可以通过选择改善一段难度不算太高、只是稍稍在我们的舒适区之外的关系来提升我们的信心和技术。这样一来，当我们做好了准备的时候，我们就能够对付一些更具挑战性的关系。我们选择的感激行为既要有一定难度，又不能太难，以至于我们产生挫败感，直接放弃。本着"我们怎么做一件事，就会怎么做所有事"的原则，我们可能会体验到，在一个人身上尝试的一种感激行为可能会对其他更困难的人际关系，甚至生活里的其他方面，都产生连锁反应。

在阅读这本书的过程中，大家已经发现，某些感激练习聚焦于先从我们的内部寻找感激之情。这些练习包括：找到我们的"为什么"，并建立践行感激的意图；在培养我们内在态度的同时，留意我们给予和收获的东西；确保我们在表达感激的时候不预期任何回报；意识到我们可以选择视角；通过在遇到极具挑战性的情形之前，进入"做好准备的状态"来培养一种感激的内在态度；以及很重要的一点——培养自我感激。这些练习是基础，能帮助我们保持诚挚和真实，维持清晰的界限，并建立一套属于我们自己的指标，以判断哪些练习会使我们受益良多，哪些练习我们应该先放到一边，等时机对了或者当我们有合适的支持的时候再考虑。它们为实现感激的另一个目的提供了基石。这个目的就是社会转变：通过行动来对别人表达感激之情。

这本书的一条核心原则是，从本质上来看，感激具有高度的关系性。我们意识到我们从别人，以及从生活本身那里收获了什么。我们有动力通过某些方式来回馈，虽然这些方式不一定是互惠的。在这本书的各个章节里，我们探索了一些具有关系性的感激练习，它们对解开我们的怨恨心结有强大的效果。这些练习包括：识别怨恨情绪及其表象之下的原因；提升我们的共情能力和同情心；通过肯定别人的价值来践行感激；用让对方觉得有意义的方式向其表达感激；逐渐变得擅长接受来自别人的感激；找到足够有礼貌的方式来表达我们对别人的怨恨情绪，同时也让别人更容易对我们表达他们的怨恨情绪；以及在表达感激和怨恨的方式上尊重跨文化的差异。

请记住，无论我们从哪里开始尝试厘清困难的人际关系，只要我们确实跨出这一步并且坚持下去，那么我们所有的感激表达都会有积极的影响，一定不会白费。而且我们可能永远也不知道积极影响的具体方式，又或者多年以后才找到答案。

这本书里提供的许多感激练习引导我们去改善我们的性格。对我而言，这是我们真正的财富的所在地，是我们在时间和精力方面能做的最好投资。我们不把自己的性格看成是固定的，在"我就是这个样子，不会改变"这样的话中得到呼应，而是寻找机会让自己变得更好。这样一来，我们就相当于给了别人做同样选择的自由和鼓励。我们欢迎那些开始试着处理人际关系中的怨恨情绪的挑战，因为往往在这些时候，我们才能发现自己和别人身上的智慧。在这里，我们才能为自己的怨恨情绪找到感激的理由。

在面对逆境时我们是勇敢直面困难，还是试图逃避，是我们每个人都要反复做出的选择。而我们性格的发展正是由这些选择塑造而成的。试图解决困难的人际关系使我们感受到的怨恨情绪可能是这个世界上最大的考验，因此它也给自我成长提供了最大的机会。

当我们选择带着一种感激的内在态度来处理困难的人际关系时，我们可能在自己都没有意识到的情况下本能地激活我们性格中的其他方面。就像古罗马政治家西塞罗写的那样，"感激不仅是最高的美德，而且是所有其他美德之母"。我们从这本书讲述的故事里也可以看到，当我们有意识地从怨恨走向感激时，我们会展现出我们的勇气、谦逊、诚挚、慷慨、相互联结、共情能力、认可、正直、自尊和耐心。

如果我们优先考虑培养性格这一点，我们可以看到，感激和怨恨之间的相互影响是这个过程中不可分割的一部分。但我还是要再强调一遍，我们的感激练习必须用一种让我们感到真实的方式来完成。我们跨出的每一步都是自我定义的。通过有意识地选择捡起我们的线团，并开启逐渐拆解线团的过程，我们可以让自己变得更充实，也可以让之前使我们感到困难或不可能的人际关系变得更充实。

世界的局势日益复杂，我们很容易被恐惧、无力和丧失的感觉淹没。这个时候，我们可以聚焦维克多·弗兰克尔提供的试金石：我们选择自己的态度的能力。他把它称之为"人的终极自由"。我相信选择把我们的困难看成成长的机遇，在怨恨中寻找值得我们学习的东西，在有条件的情况下随时随地地践行感激，是我们获得内心平静的最佳前行路线。最终，它也是全人类获得和平与幸福的最佳前行路线。

致谢

多年来我的工作坊、大学课程、读书俱乐部和研究项目的参与者分享的故事,以及许多在飞机上和朋友及陌生人进行的对话,都大大丰富了这本书的内容。我特别感谢你们的问题和见解,也谢谢你们分享自己的故事。

我要感谢许许多多的精神导师、哲学家和感激领域的研究人员。你们的奉献和见解极大程度地提升了我的理解,我对感激这项伟大的美德的意义和相关性也有了更清楚的认识。

我对所有向我伸出友谊之手,花时间来读我的书稿并给不同章节提供意见和建议的朋友表达深切感激:Christine Thambipillai、Peter O'Connor、Therese Smith、Chris Adams、Jean Pelser 和 Rikki Mawad。此外,我也对参与本书编辑工作的专业人员表示深深的感谢,你们在这本书的不同阶段给了我许多宝贵的意见和建议:Perri Wain、Lee Buchanan、Gina Mercer、Chris Adams、Janet

Hutchinson、Virginia Lloyd 和 Lucy Risdale。我还想特别感谢一下 Jo Lucas。谢谢你和我一起阅读了最终的版本。你很有洞察力，也非常慷慨。

感谢我的合作伙伴 Lynden——我们组成了一支出色的队伍。谢谢你卓越的校对能力和文字创作能力，也谢谢你对这个项目永不疲倦的奉献和支持。

谢谢我的老朋友 Mike Levy。非常感谢你一路走来在各个阶段的鼓励和见解。你真的在最关键的时候帮助我建立了这本书的雏形。

我还想感谢 Michael Leunig。谢谢你慷慨地提供了这本书的封面所使用的图片。谢谢你通过你在诗歌、绘画、漫画和写作等领域的精彩作品不断地提醒着我们，要对生活中简单美好的小幸福心怀感激。

谢谢我的宝贝女儿 Amrita。没有你，我不可能写出这本书。谢谢你在真切的、诚实的人际关系的重要性方面教会了我这么多东西。

最后向我所有的家人、朋友和亲戚表达最深的谢意。你们的存在让我的生活变得更加滋润。

参考文献

第 1 章

1 RC Roberts, 'The blessings of gratitude: A conceptual analysis', in RA Emmons & ME McCullough (eds), *The Psychology of Gratitude*, Oxford University Press, 2004, p. 65.

2 SB Algoe, J Haidt & SL Gable, 'Beyond reciprocity: Gratitude and relationships in everyday life', *Emotion*, vol. 8, no. 3, 2008, pp. 425–429.

3 MY Bartlett, P Condon, J Cruz, J Baumann & D Desteno, 'Gratitude: Prompting behaviours that build relationships', *Cognition and Emotion*, vol. 26, no. 1, 2012, pp. 2–13.

4 MY Bartlett & D DeSteno, 'Gratitude and prosocial behavior: Helping when it costs you', *Psychological Science*, vol. 17, no. 4, 2006, pp. 319–325.

5 JJ Froh, G Bono & R Emmons, 'Beyond grateful is beyond good manners: Gratitude and motivation to contribute to society among early adolescents', *Motivation and Emotion*, vol. 34, 2010, pp. 144–157.

6 J Tsang, 'Gratitude and prosocial behaviour: An experimental test of gratitude', *Cognition & Emotion*, vol. 20, no. 1, 2006, pp. 138–148.

7 G Simmel, 'Faithfulness and gratitude', in AE Komter (ed), *The Gift: An interdisciplinary perspective*, Amsterdam University Press, 1996, pp. 39–48.

8 PC Watkins & D McCurrach, 'Exploring how gratitude trains

cognitive processes important to well-being', in D Carr (ed), *Perspectives on Gratitude: An interdisciplinary approach*, Routledge, 2016, pp. 27–40.

9 ibid.

10 PC Watkins, *Gratitude and the Good Life: Toward a psychology of appreciation*, Springer, New York, 2014.

11 K Howells, 'An exploration of the role of gratitude in enhancing teacher–student relationships', *Teaching and Teacher Education*, vol. 42, 2014, pp. 58–67.

12 K Howells & J Cumming, 'Exploring the role of gratitude in the professional experience of pre-service teachers', *Teaching Education*, vol. 23, no. 1, 2012, pp. 71–88.

13 M Aparicio, C Centeno, CA Robinson & M Arantzamendi, 'Gratitude between patients and their families and health professionals: A scoping review', *Journal of Nursing Management*, vol. 27, no. 2, 2019, pp. 286–300.

14 P Kini, YJ Wong, S McInnis, N Gabana & J Brown, 'The effects of gratitude expression on neural activity', *NeuroImage*, vol. 128, 2016, pp. 1–10.

15 A Otto, EC Szczesny, EC Soriano, J-P Laurenceau & SD Siegel, 'Effects of a randomized gratitude intervention on death-related fear of recurrence in breast cancer survivors', *Health Psychology*, vol. 35, no. 12, 2016, pp. 1320–1328.

16 LL Vernon, JM Dillon & ARW Steiner, 'Proactive coping, gratitude, and posttraumatic stress disorder in college women', *Anxiety, Stress & Coping: An international journal*, vol. 22, no. 1, 2009, pp. 17–127.

17 TB Kashdan, G Uswatte & T Julian, 'Gratitude and hedonic and eudaimonic well-being in Vietnam war veterans', *Behaviour Research and Therapy*, vol. 44, no. 2, 2006, pp. 177–199.

18 J Vieselmeyer, J Holguin & AH Mezulis, 'The role of resilience and gratitude in posttraumatic stress and growth following a campus shooting', *Psychological Trauma Theory Research Practice and Policy*, vol. 9, no. 1, 2017, pp. 62–69.

19 Y Israel-Cohen, F Uzefovsky, G Kashy-Rosenbaum & O Kaplan, 'Gratitude and PTSD symptoms among Israeli youth exposed to missile attacks: Examining the mediation of positive and negative affect and life satisfaction', *The Journal of Positive Psychology*, vol. 10, no. 2, 2015, pp. 99–106.

20 ME McCullough, RA Emmons & J-A Tsang, 'The grateful disposition: A conceptual and empirical topography', *Journal of Personality and Social Psychology*, vol. 82, no. 1, 2002, pp. 112–127.

21 N Petrocchi & A Couyoumdjian, 'The impact of gratitude on depression and anxiety: The mediating role of criticizing, attacking, and reassuring the self', *Self and Identity*, vol. 15, no. 2, 2016, pp. 191–205.

22 *Greater Good Magazine: Science-based insights for a meaningful life*, viewed 23 June 2021.

23 CN Armenta, MM Fritz & S Lyubomirsky, 'Functions of positive emotions: Gratitude as a motivator of self-improvement and positive change', *Emotion Review*, vol. 9, no. 3, 2017, pp. 183–190.

24 PC Watkins, 2014, op. cit.

25 AM Wood, S Joseph, & PA Linley, 'Coping style as a psychological resource of grateful people', *Journal of Social and Clinical Psychology*, vol. 26, no. 9, 2007, pp. 1076–1093.

26 BL Fredrickson, 'Gratitude, like other positive emotions, broadens and builds', in RA Emmons & ME McCullough (eds), *The Psychology of Gratitude*, Oxford University Press, 2004, pp. 145–166.

27 D Martín Moruno, 'On resentment: Past and present of an emotion', in B Fantini, D Martín Moruno & J Moscoso (eds), *On Resentment:*

Past and present, Cambridge Scholars Publishing, Newcastle-upon-Tyne, 2013, pp. 1–18.

28 P León-Sanz, 'Resentment in psychosomatic pathology (1939–1960)', in B Fantini, D Martín Moruno & J Moscoso (eds), *On Resentment: Past and present*, Cambridge Scholars Publishing, Newcastle-upon-Tyne, 2013, pp. 150–160.

29 AH Harris & CE Thoresen, 'Forgiveness, unforgiveness, health, and disease', in EL Worthington (ed), *Handbook of Forgiveness*, Routledge, 2005, pp. 321–333.

30 E Ricciardi, G Rota, L Sanil, C Gentili, A Gaglianese, M Guazzelli & P Pietrini, 'How the brain heals emotional wounds: The functional neuroanatomy of forgiveness', *Frontiers in Human Neuroscience*, vol. 7, article 839, 2013.

31 ES Epel, 'Psychological and metabolic stress: A recipe for accelerated cellular aging?', *Hormones (Athens, Greece)*, vol. 8, no. 1, 2009, pp. 7–22.

32 'Rumination', *Medical Dictionary*, Merriam-Webster, viewed 23 June 2021.

33 L Baider & AK De-Nour, 'Psychological distress and intrusive thoughts in cancer patients', *The Journal of Nervous and Mental Disease*, vol. 185, no. 5, 1997, pp. 346–348.

34 L Johnson, *Teaching Outside the Box: How to grab your students by their brains*, Jossey-Bass, San Francisco, 2005.

第 2 章

1 J Bernal, 'Repressing resentment: Marriage, illness and the disturbing experience of care', in B Fantini, D Martín Moruno & J Moscoso (eds), *On Resentment: Past and present*, Cambridge Scholars Publishing, Newcastle-upon-Tyne, 2013, pp. 169–187.

2 A Oksenberg Rorty, 'The dramas of resentment', *The Yale Review*, vol. 88, no. 3, 2000, pp.89–100.

3 'Resent', *Online Etymology Dictionary*, viewed 23 June 2021.
4 WD TenHouten, 'From ressentiment to resentment as a tertiary emotion', *Review of European Studies*, vol. 10, no. 4, 2018, pp. 49–64.
5 MC Nussbaum, *Anger and Forgiveness: Resentment, generosity, justice*, Oxford University Press, 2016.
6 M Congdon, 'Creative resentments: The role of emotions in moral change', *The Philosophical Quarterly*, vol. 68, no. 273, 2018, pp. 739–757.
7 C Aggar, S Ronaldson & ID Cameron, 'Self-esteem in carers of frail older people: Resentment predicts anxiety and depression', *Aging & Mental Health*, vol. 15, no. 6, 2011, pp. 671–678.
8 GM Williamson, K Martin-Cook, M Weiner, DA Svetlik, K Saine, LS Hynan, WK Dooley & R Schulz, 'Caregiver resentment: Explaining why care recipients exhibit problem behavior', *Rehabilitation Psychology*, vol. 50, no. 3, 2005, pp. 215–223.
9 M Aparicio, op. cit.
10 RC Roberts, op. cit., p. 66.
11 ibid., p. 67.
12 K Howells, *Gratitude in Education: A radical view*, Springer, 2012.
13 K Howells, 'The transformative power of gratitude in education', in B Shelley, K te Riele, N Brown & T Crellin (eds), *Harnessing the Transformative Power of Education*, Brill Sense, 2019, pp. 180–196.
14 K Howells, 'Developing gratitude as a practice for teachers', in JRH Tudge & L Freitas (eds), *Developing Gratitude in Children and Adolescents*, Cambridge University Press, 2018, pp. 240–261.

第 3 章

1 M Buber, *I and Thou*, trans. RG Smith, Scribner Classics, New York, 1958.

2 R Carson, *Silent Spring*, Houghton Mifflin, Boston, 2002.

3 S Baron-Cohen, *Zero Degrees of Empathy: A new theory of human cruelty*, Allen Lane, London, 2011, p. 5.

4 ibid., pp. 5–6.

5 RC Roberts, op. cit., p. 65.

第 4 章

1 WD TenHouten, op. cit.

2 World Health Organization, *Global Report on Ageism*, 2021.

3 M Ure, 'Resentment/Ressentiment', *Constellations*, vol. 22, no. 4, 2015, pp. 599–613.

4 M Visser, *The Gift of Thanks: The roots and rituals of gratitude*, Houghton Mifflin Harcourt, 2009, p. 389.

5 ibid., p. 389.

6 Ditch the Label, *The Annual Bullying Survey 2016*, 2016.

7 Visser, op. cit., p. 291.

8 P Coelho, *Veronika Decides to Die*. Harper Collins, London, 2004.

第 5 章

1 V Frankl, *Man's Search for Meaning: An introduction to logotherapy*. Simon & Schuster, New York, 1984, p. 131.

2 K Howells, 2012, op. cit.

3 M Visser, op. cit., p. 174.

4 R Stewart, AT Kozak, LM Tingley, JM Goddard, EM Blake & WA Cassel, 'Adult sibling relationships: Validation of a typology', *Personal Relationships*, vol. 8, no. 3, 2020, pp. 299–324.

5 K Howells, 2012, op. cit.

6 K Howells, 2018, op. cit.

7 K Howells, 2014, op. cit.

8 K Howells, K Stafford, RM Guijt & MC Breadmore, 'The role of gratitude in enhancing the relationship between doctoral research students and their supervisors', *Teaching in Higher Education*, vol. 22, no. 6, 2017, pp. 1–18.

9 A Oksenberg Rorty, op. cit.

第 7 章

1 BA Arnout & AA Almoeid, 'A structural model relating gratitude, resilience, psychological well-being and creativity among psychological counsellors', *Counselling and Psychotherapy Research*, 2020, pp. 1–20.

第 8 章

1 M Rosenberg, *Nonviolent Communication: A language of life*, PuddleDancer Press, Encinitas, CA, 2003.

2 R Kegan & LL Lahey, *How the Way We Talk Can Change the Way We Work: Seven languages for transformation*. Jossey-Bass, San Francisco, 2001.

3 KD Patterson, J Grenny, D Maxfield, R McMillan, & AI Switzler, *Crucial Accountability: Tools for resolving violated expectations, broken commitments, and bad behavior*, McGraw-Hill Education, New York, 2013.

4 P León-Sanz, op. cit.

5 K Howells, *How Thanking Awakens Our Thinking*, TEDx Launceston, 2013.

6 E Gilbert, *Big Magic: Creative living beyond fear*, Riverhead Books, New York, 2015, p. 26.

7 AH Maslow, 'A theory of human motivation', *Psychological Review*, vol. 50, no. 4, 1943, pp. 370–396.

第 9 章

1. KL Martin, *Please Knock Before You Enter: Aboriginal regulation of outsiders and the implications for researchers*, Post Pressed, Teneriffe, Qld., 2008.
2. ibid., p. 12.
3. M Visser, op. cit., p. 16.
4. KL Martin, op. cit., p. 76.
5. ibid., p. 70.
6. JO Oviawe, 'How to rediscover the *ubuntu* paradigm in education', *International Review of Education*, vol. 62, 2016, pp. 1–10.
7. D Tutu, *No Future without Forgiveness*, Doubleday, New York, 2000.

抑郁 & 焦虑

《拥抱你的抑郁情绪：自我疗愈的九大正念技巧（原书第2版）》
作者：[美] 柯克·D.斯特罗萨尔 帕特里夏·J.罗宾逊 译者：徐守森 宗焱 祝卓宏 等

美国行为和认知疗法协会推荐图书
两位作者均为拥有近30年抑郁康复工作经验的国际知名专家

《走出抑郁症：一个抑郁症患者的成功自救》
作者：王宇

本书从曾经的患者及现在的心理咨询师两个身份与角度撰写，希望能够给绝望中的你一点希望，给无助的你一点力量，能做到这一点是我最大的欣慰。

《抑郁症（原书第2版）》
作者：[美] 阿伦·贝克 布拉德 A.奥尔福德 译者：杨芳 等

40多年前，阿伦·贝克这本开创性的《抑郁症》第一版问世，首次从临床、心理学、理论和实证研究、治疗等各个角度，全面而深刻地总结了抑郁症。时隔40多年后本书首度更新再版，除了保留第一版中仍然适用的各种理论，更增强了关于认知障碍和认知治疗的内容。

《重塑大脑回路：如何借助神经科学走出抑郁症》
作者：[美] 亚历克斯·科布 译者：周涛

神经科学家亚历克斯·科布在本书中通俗易懂地讲解了大脑如何导致抑郁症，并提供了大量简单有效的生活实用方法，帮助受抑郁困扰的读者改善情绪，重新找回生活的美好和活力。本书基于新近的神经科学研究，提供了许多简单的技巧，你可以每天"重新连接"自己的大脑，创建一种更快乐、更健康的良性循环。

《重新认识焦虑：从新情绪科学到焦虑治疗新方法》
作者：[美] 约瑟夫·勒杜 译者：张晶 刘睿哲

焦虑到底从何而来？是否有更好的心理疗法来缓解焦虑？世界知名脑科学家约瑟夫·勒杜带我们重新认识焦虑情绪。诺贝尔奖得主坎德尔推荐，荣获美国心理学会威廉·詹姆斯图书奖。

更多>>>

《焦虑的智慧：担忧和侵入式思维如何帮助我们疗愈》 作者：[美] 谢丽尔·保罗
《丘吉尔的黑狗：抑郁症以及人类深层心理现象的分析》 作者：[英] 安东尼·斯托尔
《抑郁是因为我想太多吗：元认知疗法自助手册》 作者：[丹] 皮亚·卡列森

自尊自信

《自尊》(原书第4版)**》**
作者:[美]马修·麦凯 等 译者:马伊莎

帮助近百万读者重建自尊的心理自助经典,畅销全球30余年,售出80万册,已更新至第4版!
自尊对于一个人的心理生存至关重要。本书提供了一套经证实有效的认知技巧,用于评估、改进和保持你的自尊。帮助你挣脱枷锁,建立持久的自信与自我价值!

《自信的陷阱:如何通过有效行动建立持久自信》
作者:[澳]路斯·哈里斯 译者:王怡蕊 陆杨

很多人都错误地以为,先有自信的感觉,才能自信地去行动。提升自信的十大原则和一系列开创性的方法,帮你跳出自信的陷阱,自由、勇敢地去行动。

《超越羞耻感:培养心理弹性,重塑自信》
作者:[美]约瑟夫·布尔戈 译者:姜帆

羞耻感包含的情绪可以让人轻微不快,也可以让人极度痛苦
有勇气挑战这些情绪,学会接纳自我
培养心理弹性,主导自己的生活

《自尊的六大支柱》
作者:[美]纳撒尼尔·布兰登 译者:王静

自尊是一种生活方式!"自尊运动"先驱布兰登博士集大成之作,带你用行动获得真正的自尊。

《告别低自尊,重建自信》
作者:[荷]曼加·德·尼夫 译者:董黛

荷兰心理治疗师的案头书,以认知行为疗法(CBT)为框架,提供简单易行的练习,用通俗易懂的语言分析了人们缺乏自信的原因,助你重建自信。

正念冥想

《正念:此刻是一枝花》
作者:[美]乔恩·卡巴金 译者:王俊兰

本书是乔恩·卡巴金博士在科学研究多年后,对一般大众介绍如何在日常生活中运用正念,作为自我疗愈的方法和原则,深入浅出,真挚感人。本书对所有想重拾生命瞬息的人士、欲解除生活高压紧张的读者,皆深具参考价值。

《多舛的生命:正念疗愈帮你抚平压力、疼痛和创伤(原书第2版)》
作者:[美]乔恩·卡巴金 译者:童慧琦 高旭滨

本书是正念减压疗法创始人乔恩·卡巴金的经典著作。它详细阐述了八周正念减压课程的方方面面及其在健保、医学、心理学、神经科学等领域中的应用。正念既可以作为一种正式的心身练习,也可以作为一种觉醒的生活之道,让我们可以持续一生地学习、成长、疗愈和转化。

《穿越抑郁的正念之道》
作者:[美]马克·威廉姆斯 等 译者:童慧琦 张娜

正念认知疗法,融合了东方禅修冥想传统和现代认知疗法的精髓,不但简单易行,适合自助,而且其改善抑郁情绪的有效性也获得了科学证明。它不但是一种有效应对负面事件和情绪的全新方法,也会改变你看待眼前世界的方式,彻底焕新你的精神状态和生活面貌。

《十分钟冥想》
作者:[英]安迪·普迪科姆 译者:王俊兰 王彦又

比尔·盖茨的冥想入门书;《原则》作者瑞·达利欧推崇冥想;远读重洋孙思远、正念老师清流共同推荐;苹果、谷歌、英特尔均为员工提供冥想课程。

《五音静心:音乐正念帮你摆脱心理困扰》
作者:武麟

本书的音乐正念静心练习都是基于碎片化时间的练习,你可以随时随地进行。另外,本书特别附赠作者新近创作的"静心系列"专辑,以辅助读者进行静心练习。

更多>>> 《正念癌症康复》 作者:[美]琳达·卡尔森 迈克尔·斯佩卡